最易上手的
烘焙书

（日）矢崎美月代　著

于春佳　译

新世界出版社
NEW WORLD PRESS

TITLE：[お菓子の教科書ビギナーズ]

BY：[矢崎 美月代]

Copyright © MITSUYO YASAKI 2011

Original Japanese language edition published by Shinsei Publishing Co.,Ltd.

All rights reserved. No part of this book may be reproduced in any form without the written permission of the publisher.

Chinese translation rights arranged with Shinsei Publishing Co.,Ltd.

Tokyo through Nippon Shuppan Hanbai Inc.

本书由株式会社新星出版社授权北京新世界出版社有限责任公司在中国大陆地区出版本书简体中文版本。

著作权合同登记号：01-2014-3010

图书在版编目（CIP）数据

最易上手的烘焙书 / (日) 矢崎美月代著；于春佳

译. –– 北京：新世界出版社, 2014.9

　ISBN 978-7-5104-3905-6

　Ⅰ.①最… Ⅱ.①矢… ②于… Ⅲ.①甜食 – 制作

Ⅳ.①TS213.2

中国版本图书馆CIP据核字(2014)第205854号

最易上手的烘焙书

策划制作：北京书锦缘咨询有限公司（www.booklink.com.cn）

总 策 划：陈　庆

策　　划：邵嘉瑜

版式设计：季传亮

作　　者：（日）矢崎美月代

译　　者：于春佳

责任编辑：房永明

责任印制：李一鸣　史倩

出版发行：新世界出版社

社　　址：北京西城区百万庄大街24号（100037）

发 行 部：（010）6899 5968　（010）6899 8705（传真）

总 编 室：（010）6899 5424　（010）6832 6679（传真）

http://www.nwp.cn

http://www.newworld-press.com

版 权 部：+8610 6899 6306

版权部电子信箱：frank@nwp.com.cn

印　　刷：北京利丰雅高长城印刷有限公司

经　　销：新华书店

开　　本：710mm×1000mm　1/16

字　　数：120千字

印　　张：11

版　　次：2015年5月第1版　2015年5月第1次印刷

书　　号：ISBN 978-7-5104-3905-6

定　　价：46.00元

最易上手的烘焙书

CONTENTS

Prologue 甜点制作之前

Part1 适合不同场合的人气甜点 NO.1

Part2 用不同面团制作的基础西式甜点

本书中的小常识

❶ 使用于计量的汤匙 1大匙=15ml, 1小匙=5ml。

❷ 本书中的鸡蛋一律用重量计量。但在制作完成涂抹蛋液、没有必要进行准确计量时，也会用个数进行标记。

❸ 在没有特殊标记的情况下，书中出现的砂糖一般指绵白糖，食盐一般指平时常用的食用盐。

❹ 准备工作中用到的黄油、色拉油、面粉等，除了需要进行称量的，一般在食材栏里不会进行特别说明。

❺ 本书中出现的橡胶铲均选用耐热性较好的硅胶制成。

❻ 选用的烤箱、微波炉等请认真阅读使用说明书后再进行相关操作。此外，书中标记的加热时间只是一个大致标准，具体操作时，请结合机器种类以及加热状况等实际情况进行适当调整。

Prologue

甜点制作之前

在开始制作甜点之前，
你需要了解的工具、食材及基本用语。

甜点制作工具

用于制作甜点的工具，从初学者到专家级分为很多不同的种类。
本书在厨房常用工具的基础上，添加几种较为便利的工具，
令您在日常生活中就能享受甜点制作的乐趣。

❶ 碗、盆

钢制盆使用起来最方便，也较容易入手。在制作甜点时，一般会准备多个同时使用，最少需要大、中、小号各1个。钢盆一般都可以用于隔水加热和对食材进行冰镇，但不能直接放入烤箱使用，因此最好再准备一个耐热玻璃制成的小盆。

❷ 量杯

必须准备一个200ml的量杯。如果能再准备一个500ml的大量杯就更好了。选用量杯时，一定要选择刻度清晰、便于读取的。如果您备有耐热的钢制量杯或者能够直接用于微波炉加热的耐热玻璃制量杯，那就再好不过了。强烈建议您选择带有把手的量杯。

❸ 方平底盘

可以选用较为耐用的钢制盘，也可以选用质量较为轻薄的耐酸铝制品，此外，制作酸性较强食材时，建议您选用搪瓷盘。

❹ 锅

可以选用钢制或者铝制的料理用锅，在需要加热鲜奶油和黄油等容易残留香味的食材时，建议您选用搪瓷制成的牛奶锅。

❺ 耐热容器

虽然耐热容器的耐热温度达到300℃以上，可以直接放入烤箱、微波炉中进行加热，但在高温加热之后，如果湿抹布握住容器柄、将容器置于有水的地方时，容器容易发生破损，使用的时候请注意。

❻ 打蛋器（搅拌器）

主要用于想通过搅拌使食材混入较多空气时。钢制打蛋器较为常见，选用这种即可，需要注意的是，如果选用的打蛋器质量不好，搅拌的食材中会有打蛋器上的金属气味，因此一定要选择质量好的器具。打蛋器的金属丝越多，搅拌操作就能越快完成。

❼ 铲子（橡胶铲·木铲）

要减少面糊中的空气含量时，一般会用铲子搅拌食材。橡胶铲具有弹力，能够将锅和模具的各个角落都清理干净。建议您选用耐热温度在300℃以上的硅质橡胶铲。木铲一般用于食材的混合、搅拌以及过滤等操作。由于木铲容易串味，所以料理用木铲和甜点用木铲要区分使用。

❽ 长筷子

长筷子也有硅质的，但一般情况下，选用竹制长筷就可以了。您也可以用料理用长筷，但如果您担心串味的话，建议您还是准备一双甜点专用长筷，与料理长筷区分使用。

❾ 万能过滤器、茶漏

万能过滤器比甜点专用过滤器、面粉筛子使用起来更加简便，此外，还可以用作筹篱。茶漏用于过滤少量食材时较为方便。无论选用哪种工具进行过滤，使用之后都要清洗干净，并充分晾干，防止网眼被堵住。

❿ 量匙

结实、耐热的钢制量匙，除可用于食材的计量之外，还可以用于面团的成型操作。请将大汤匙（15ml）、小汤匙（5ml）、迷你汤匙（2.5ml）等不同型号都准备好。

甜点专用工具

烤箱纸

也被叫做硅油纸，是一种表面经过树脂处理的一次性烹调用纸。也可以选用可重复使用的布制烤箱垫。使用烤箱纸，面团不容易发生粘连，烤制时还能防止烤焦、不容易脱模等问题，除可用作烤盘或者模具的垫纸之外，还可以用作裱花袋（参照第14页）。

电动搅拌机

对多种食材进行搅拌、打发，担心力道不够、搅拌不均匀时，建议您选用电动搅拌机。但是，选用电动搅拌机进行搅拌时，容易出现搅拌过度的情况，请尽量避免这种情况的出现。

料理用温度计

可以选用电子温度计，但建议您选用可以直接用肉眼观察温度变化状态的液态棒状温度计。这种温度计一般能够测量到200℃左右的温度，使用起来更加放心。

擀面杖

一种可以将面团均匀摊薄的工具。与两端带有把手的西式擀面杖相比，更建议您选用擀制荞麦面条和乌冬面的、长40~50cm的细长型擀面杖。

刮板

也被叫做刮铲，一种由聚乙烯或者聚丙烯制成的、不带把手的铲子。当不想让手部温度传导到面团上时，可以用刮板的曲线部位进行搅拌，铲子的直线部位主要用于切割或者将面团摊平等操作。

面粉筛

除了可用于筛粉末状食材外，还可以将砂糖中的结块弄碎、过滤蛋液等。除常见筛子外，还有带把手的类型，这种筛子能够防止粉末状食材飞溅，使用起来更加方便。

砧板

有制作甜点专用的大理石或者硅胶砧板，这里我们选用复合板制成的就可以了。为了制作曲奇和派的时候也能够用，我们直接准备30×45cm大小的砧板。

毛刷

选用天然毛制成的毛刷时，先用水将毛刷充分浸湿，用手整理平整后再使用。使用之后，用洗洁精等将毛刷清理干净、整理好形状后阴干即可。除天然毛刷外，还有尼龙毛刷、硅胶毛刷等不同材质制成的。

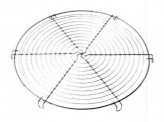

秤

建议您选用能够精确到g的电子秤。如果选用的电子秤较小，托盘上放上小碗等容器后，不容易看清指示数字，建议您选用较大的电子秤。

厨房专用计时器

在甜点制作过程中，为准确掌握面团醒发等操作时间，建议您养成定时、计时的良好习惯。您可以根据习惯选择模拟式计时器或者电子计时器。选用的计时器只需具备一些简单功能即可。

冷却架

为使蛋糕能够在较短时间内散热、冷却，建议您选用透气性能较好、带有支架的冷却架。市场上出售的冷却架一般为钢制或者铁镀铬材质的。建议您选择网格较小的，这样小甜点也能放上去了，十分方便。

裱花袋、裱花嘴

裱花袋有能够重复多次使用的树脂和尼龙材质的，但建议您选用一次性的塑料裱花袋。本书中选用的裱花嘴均为圆形或者星形的，此外还有很多其他形状的（具体使用方法请参照第10页）。

蛋糕刀

与料理用刀不同，这种蛋糕刀的刀刃呈波纹状，在切割海绵蛋糕的时候，不容易产生蛋糕碎屑，切口也更加整齐。

抹刀

一种薄刮铲状且富有弹力的扁平状刀具。虽被叫做刀，但却没有用于切割的刀刃，主要用于在蛋糕上涂抹奶油。

不要忘记这些"小工具"！

铝箔纸

除可以用于铺垫烤盘外，还可以将其裹在甜点上放入烤箱里直接烘烤、调整甜点的烤制花纹、防止甜点被烤糊等，使用起来十分方便。

保鲜膜

保鲜膜里的空气难以流通，通常用其裹在面团外面，防止保存过程中面团变干等。

硅胶干燥剂

为避免受潮，将烤制好的甜点放入塑料袋或者瓶子里的时候，需要放入硅胶干燥剂防潮保存。

厨房用纸

一般用作抹布，从食材的准备阶段到最后的收拾阶段都需要用到。

竹签子

主要用于检查甜点的烤制火候，代替手指进行相关操作，使用起来较为方便。

长柄漏勺·圆勺子

一般用于将较为柔软的面团或者液体状面团倒入模具里面，使用起来较为方便。长柄漏勺是带有孔眼的长柄勺，圆勺子即平时用的勺子。

敞口式模具
（圆形模具、磅蛋糕模具、戚风蛋糕模具等等）

圆形模具也被叫做"花式甜点模具"，主要是在钢中添加树脂或者由不锈钢材质制作而成。模具底能够被取下的模具，容易脱模，但不适合隔水蒸烤。戚风蛋糕模具建议您选用导热性能较好的铝制模具。铝制模具保存不当时容易出现白色斑点，使用之后一定要用中性洗涤剂清洗干净、晾干后置于干燥处保存。

特殊形状模具
（水果派模具、布丁模具、玛德琳蛋糕模具等）

图中的水果派模具主要是花朵形状的，此外还有正方形、长方形等不同形状。为方便取出，制作布丁和果冻时建议您选用形状较为简单的模具。上图中右侧的模具，一次可烤制6个玛德琳蛋糕，比一个个单独烤制操作起来更加方便。

硅胶模具

这种模具可以将甜点从烤箱中取出之后立即放入冰箱中冷冻，模具的耐热耐寒性能较好，适应温度范围广，还可以自由弯曲，柔软性能较好。选用这种模具，即使很复杂的甜点形状也能漂亮地完成，做好的甜点容易脱模。清洗这种模具时，请一定不要使用任何研磨剂或用炊帚划动。此外，模具置于较重物体下面时也容易变形，保管时请注意这一点。

纸杯

在制作戚风蛋糕或者蒸蛋糕时，用上这样的纸杯，不仅能够轻易将蛋糕与模具分离，也可直接用手拿起来，食用起来也更方便。这种蛋糕纸杯有各种各样的设计，作为艺术包装的一个重要组成部分，用这种纸杯制作甜点，一定会为您的制作过程增添不少乐趣。

压制模具

这种模具的食材和形状多种多样、千差万别。可以单独购买，也可以成套购入，收集起来还可以作为一种爱好。这种模具不仅可以用来制作曲奇饼干，还可以将巧克力制成不同形状用于装饰，或将派整理成不同形状等。按照模具的形状撒制可可粉或者糖粉，也是非常有趣的尝试。

量匙的使用方法

量取1匙量
用所需容量的量匙挖取较多食材，用量匙附带的刮铲或者其他量匙的匙柄将食材表面刮平即可。

量取⅓匙量
❶ 首先按照正确方法量取1匙的量，将食材表面如图那样划上字母Y的形状将其3等分。

❷ 用小铲子或者其余量匙慢慢刮掉3等份中的2份。

鲜奶油的打发标准

根据用途的不同,鲜奶油的打发状态也是不一样的,食谱中一般将打发状态的标准用打发时间来表示。

6分发
用打蛋器将奶油挑起时,掉落的奶油会留下痕迹,但是痕迹很快就会消失。

7分发
用打蛋器将奶油挑起时,奶油扑通掉落,稍微积起一段时间之后慢慢消失。如果想将鲜奶油混入冰淇淋中,打发成这样既可。

8分发
用打蛋器将奶油挑起时,奶油不容易掉落,呈三角形附着在打蛋器上。

9分发
用打蛋器将奶油挑起时,奶油会有棱角。在此基础上再继续打发,鲜奶油容易打发过度,出现水油分离现象。

裱花袋的使用方法

❶ 剪开裱花袋的前端

结合选用裱花嘴的大小,在裱花袋前端用剪刀剪出适当大小的口。
※在用剪刀剪开之前,请先将裱花嘴放入裱花袋里,确认好剪开位置,这样能够保证一次成功。

❷ 放入裱花嘴

将裱花嘴置于裱花袋里面,固定好。需要注意的是,一定要使劲推动裱花嘴,将其固定在裱花袋上。
※在推动裱花嘴的过程中,如果裱花嘴只露出一点点,奶油很容易从裱花嘴和裱花袋的空隙中漏出。相反,如果裱花嘴露出过多,嘴会很容易从裱花袋中脱离,安装的时候需要防止以上两点。

❸ 将裱花袋前端扭动后塞入裱花嘴里

在靠近裱花嘴上部的位置,将裱花袋拧几下,并将裱花袋塞入裱花嘴中。
※这样,在裱花嘴和裱花袋中间就能形成一个类似"塞子"的东西,即使在裱花袋里加入奶油,奶油也不会从裱花嘴中漏出。

❹ 将奶油倒入裱花袋里

将裱花袋袋口部向外翻折⅓~½左右。将裱花袋放入较大的杯子里直立起来,倒入打发好的奶油。
※倒入奶油之前,将裱花袋向外翻折,倒入的奶油会比较接近裱花嘴前端,省去将奶油向前端聚拢的麻烦,同时也避免了奶油的浪费。

❺ 将奶油聚集到裱花嘴附近

将裱花袋从杯子里取出,一只手扶住裱花袋袋口部位,轻轻按压住,防止奶油溢出,另一只手将裱花袋里的奶油慢慢向下推动,使其聚集在裱花嘴附近。
※往裱花袋里加入奶油时,一定要注意,一次不要加入太多。裱花袋上部拧紧部位要尽量多留出一些。将奶油挤到裱花袋前端时,慢慢将前端拧紧的部位松开,将奶油挤到裱花嘴开口处。

❻ 挤出奶油

用右手(左撇子的话用左手)轻轻包住、捏紧裱花袋袋口,另一只手轻轻托住裱花嘴。
※用手捏住袋中有奶油的部位时,手的温度容易使奶油融化,影响口感,因此要尽量避免手部接触袋中有奶油的部位。

主要的西式甜点食材

当您熟知各种食材的特点并且善加使用时，
能够瞬间提升甜点的完成度。

面粉

·低筋面粉&高筋面粉

将小麦磨制成面粉之后，一般按照面粉中小麦蛋白质的含量，将其分为高筋面粉、中筋面粉和低筋面粉。小麦中的蛋白质遇水之后会变成一种叫做面筋的黏性物质，面粉中面筋含量越高，面团的弹性就越大，因此一般选用高筋面粉来制作面包等甜点。此外，在制作过程中，为防止面团粘附到案板上，高筋面粉还被用作干粉。制作较为蓬松、具有酥脆口感的点心时，一般选用面筋较少的低筋面粉。制作甜点时，一般要将面粉筛一下，防止结块，还要经常搅拌，这些都是制作时的要点，目的是控制低筋面粉中的面筋黏度。面粉容易受潮，使用完一定要密封好，置于较为凉爽的地方保存。

·全麦粉

将小麦表皮、胚芽、胚乳等全部碾碎制成的面粉。面粉中食用纤维和维生素B1等成分较多是其主要特征。与面粉相比，全麦粉颜色偏黄褐色，质地也较为粗糙，但正是这些特征才使得加入全麦粉的甜点具有一种独特的风味和口感。将全麦粉混到面粉中制作点心，也成为时下一种十分健康的饮食方式。此外，由于全麦粉中胚芽中含有的脂质容易发生氧化，开封后的全麦粉要尽快食用，避免长期保存。

低筋面粉

全麦粉

鸡蛋

制作甜点时，鸡蛋的使用方法多种多样，有用全蛋液的，有只使用蛋白的，也有只使用蛋黄的。此外，使用全蛋液时，也有蛋清和蛋黄共同打发和分别打发等不同操作方法。这些方法都充分凸显了蛋黄和蛋清的不同口感和特点。因此，在添加蛋黄和蛋清的时候，其使用分量也变得十分重要。

日常生活中，我们总是以个数作为鸡蛋的度量单位，但制作甜点时，一定要仔细称量。如果单纯用个数进行计量，经常会出现允许范围之外的误差，使每次制作出来的甜点味道都不一样。一般来说，一个中号鸡蛋（M号鸡蛋）全蛋液重约50g、蛋黄重约20g、蛋白重约30g，记住大体重量具体操作起来也更加方便。

使用的时候，先将鸡蛋一个一个打到容器里，确认是否混入鸡蛋壳、蛋黄是否已经散开，轻轻将卵带去掉。想要将蛋黄和蛋白分开时，可以用（大）量匙慢慢将蛋黄挑起。此外，蛋白也分较为浓稠和较为稀薄的两层，分离出蛋黄后，先将蛋清搅拌均匀再进行计量使用。

砂糖

砂糖是决定甜点甜度的重要食材，同时还能使面团膨胀起来，使其呈现较为漂亮的烤制颜色。此外，砂糖还能使做出的甜点耐放，防止冰淇淋或者果子露等甜点变硬，使各种甜点软硬适中。制作布丁时，加入砂糖，布丁沸腾的温度就会变高，不容易混入气泡，布丁的细腻程度得以提高。将砂糖加到蛋白霜或者打发奶油里进行打发时，蛋白或者鲜奶油中含有的水分与砂糖结合，奶油的纹理变细，形成众多细小气泡。本书中将细砂糖、绵白糖、糖粉、黄糖等按照其各自的不同特性区分使用。砂糖如果受潮结块，使用之前要用筛子筛匀。另外，本书食材栏中的"砂糖"一般是指绵白糖。具体请参照第15页"甜点制作基本用语"。

糖粉
细砂糖
绵白糖
黄糖

鲜奶油·牛奶·酸奶

·鲜奶油

选用从牛奶中分离出来的脂肪制作的、乳脂含量在18%以上的就是鲜奶油，在市场上出售时，人们还将其称为生奶油、纯生奶油等。将鲜奶油打发之后就可以制成打发奶油。奶油前面一旦加上"打发"二字，一般是指在乳脂奶油中混入了植物性脂肪或者直接由100%的植物性脂肪制作而成，这些奶油种类食用方法与鲜奶油一样，但质量差异很大。本书中若未特别说明，食材栏中的"鲜奶油"一般是指乳脂含量35~47%的动物鲜奶油。奶油中乳脂含量越高，味道越浓厚，但如果打发过度，奶油也会出现分离现象，请注意这一点。使用之前，可以将奶油放入冰箱里，打发时放入冰水里隔水打发，这样奶油就不容易分离了。

·牛奶

牛奶是制作卡仕达酱或者布丁必不可少的重要原材料，加入面团中，也能够使做出的点心更加细腻、光滑，提升点心的整体风味。将牛奶煮沸会使风味下降，并且容易有焦味，加热牛奶的时候要注意火候的把握。此外，长期保鲜牛奶和低脂牛奶都不适合用于制作点心。

牛奶　酸奶　鲜奶油

·原味酸奶

用乳酸菌使牛奶发酵后制成，味道较为清爽。在制作冰淇淋等冷饮的时候，酸奶能够使其味道更加清爽，增添独特的风味。将酸奶中的多余水分去除之后，还能营造一种奶油奶酪般的浓厚口感，建议您在制作司康面包时，用酸奶代替凝脂奶油。

黄油

黄油也是用牛奶制成的，由于其脂肪含量较高，一般不将其看做乳制品，而是划为油脂类。制作甜点时，黄油是十分重要的食材，它一般能够起到决定甜点味道和口感的重要作用。甜点的湿润口感、蓬松口感、酥脆口感都得益于黄油的加入。黄油独特的浓稠感和风味能为甜点制作增添多种味道的可能性。用于制作甜点的黄油，建议您选择无盐类型的，这样不仅是为了甜点的整体口感。在制作甜点时，如加入带盐黄油，黄油中的盐分会影响面粉中蛋白质的活性，从而抑制面筋的生成，影响甜点的口感。开封后的黄油容易吸味、发生氧化反应，因此要小心保存，开封后应尽快食用。

泡打粉

在小苏打（参照第157页）里加入酸化剂等物质就是泡打粉。也被叫做面起子，是一种膨胀剂。与小苏打相比，泡打粉还能让面团纵向膨胀起来，一般用于发酵较结实的面团。用小苏打发酵面团时，不加热面团就不会变蓬松，但泡打粉在常温下就能与面粉和水发生反应，将泡打粉加到面团里，很快就能烤制。但如果泡打粉加入过多，做出的点心里容易带有泡打粉特有的味道和苦味，因此一定要注意用量的把握。加入泡打粉时，可以与低筋面粉一起过筛后加入容器里，这样泡打粉就能均匀分布在面团中了。

杏仁粉

将无盐杏仁磨成粉末状制作而成。加入杏仁粉，能够使点心的味道更加浓郁，香味四溢，让人回味。磨好的杏仁粉容易发生氧化，使用之后请放入密封容器里置于阴暗处保存，并尽快食用。

可可粉

从可可块中抽取可可脂后，将剩余物质粉碎制成的粉末就是可可粉。可可粉中的脂肪含量仍有11~23%。可可粉有时候还被叫做纯可可，用于制作甜点时，可以直接加到面团里，可以撒到制作完成的点心上，也可以加入热水和牛奶充分搅拌之后，加入砂糖，制成热气腾腾的可可饮品。另外，以前出售的可可饮料被叫做"调和可可饮品"。

水果粉

水果经冷冻干燥加工后，制成的粉末状食材。一般将其撒到做好的甜点上或者直接加到面团里。本书中选用的水果粉主要是用草莓制成的，此外还有用芒果或者哈密瓜等水果制成的。水果粉与水果香精或者水果味洋酒完全不同，能够打造出一种水果的新鲜感觉。

明胶

将从动物骨骼或者皮里提取的胶原蛋白提前放入水中浸泡，加热至60℃左右，再放入10℃以下环境中冷却制成。与由海藻制成的琼脂相比，明胶更有弹性，也富有透明感，由于明胶能够在口中融化，用其制成的点心口感特别棒。明胶分为板状明胶和粉状明胶两类，为防止粉状明胶结块，一定要将其置于水中浸泡。

香草荚、香草精、香草油

香草荚是兰科梵尼兰的果荚经发酵、干燥制成的。果荚中的小黑种子就是香草籽，取出后用于制作甜点，能够为甜点增添一种独特的香味。有时也会将整个香草荚置于牛奶等食材中煮制，将香味煮出来。香草荚较为昂贵，煮制之后或者取出香草籽的香草荚也不要立即扔掉，可以将其清洗干净、干燥之后，放入砂糖里（如下图），使其香味充分散发，用于制作点心或者红茶等。香草精是将香草荚中的芳香成分提取出来，用酒精稀释之后制成的香料。由于香草精的香味容易挥发，因此不要加热。制作烤制甜点时，建议您选用加热时香味不容易挥发的香草油。

香辛料

甜点的味道不仅仅局限于甜味。进行甜点制作时，也会经常用到肉桂、肉豆蔻、丁香等香辛料。肉桂是一种由树皮制成的香辛料，独特的甘甜口感和香气、淡淡的辣味是其主要特点。肉桂糖是将肉桂粉与砂糖混合到一起制成的，经常用于加入苹果的甜点中。肉豆蔻是一种由种子制成的香辛料，具有香甜的味道，除用于制作甜点外，还经常用于肉类料理的除味等。丁香甘甜、具有刺激性香味，经常用于制作烤制点心。加入以上几种香辛料之后，都能让您制作出的甜点具有一种成熟的风味。

水果干

将水果整个或者切碎之后经干燥处理制成。将水果中多余水分去除后的水果干给人一种与新鲜水果完全不同的浓厚口味。用水果干制作磅蛋糕时，可以将水果干置于洋酒和香料中慢慢浸泡，使其风味更加浓郁。常用的水果干，除了葡萄干、杏干、蔓越橘之外，还有很多种类混合到一起的。水果干可以用来制作点心，也可以直接食用。

坚果类

经常用于制作甜点的坚果类有核桃、开心果、花生、杏仁等。用于甜点制作时，可以将其切碎后直接混到面团里，也可以切薄片后装饰在甜点上面。保存时，要防止坚果发霉，避免湿气或者高温。

洋酒

制作甜点时，一般会选用朗姆酒、白兰地等蒸馏酒或者在蒸馏酒中加入果肉、果皮和果汁、带有浓烈香味的利口酒。特别是一种叫做"大马尼埃酒"的橘味利口酒和樱桃白兰地十分有名。朗姆酒是一种用甘蔗制成的蒸馏酒，根据其用途不同还分为黑朗姆和白朗姆。

初学者必备常识
甜点制作基本用语

这里将甜点制作书中经常出现的用语进行汇总解释。知道这些用语，
有助于您理解食谱中记载的内容，减少失败。

工具篇

转台

用于对整个蛋糕进行装饰的工具。特别是涂抹蛋糕侧
面奶油时，用抹刀抵
住蛋糕边缘转动转
台涂抹奶油，操作
起来十分方便。通
过转动转台，能够将
奶油均匀涂抹于蛋
糕胚上。

圆锥纸袋

用糖霜等食材书写文字、绘制花样时使用的圆锥形纸
袋。其制作方法请参照下图。具体使用方法请参照第
23页。

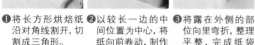

❶将长方形烘焙纸　❷以较长一边的中　❸将露在外侧的部
沿对角线割开，切　间位置为中心，将　位向里弯折，整理
割成三角形。　　　纸向前卷动，制作　平整，完成纸袋
　　　　　　　　　成圆锥形。　　　　的制作。

漂白布

是指漂成白色的棉布或者麻布。在与甜点食材或者面
团直接接触时，为了保持干净、卫生，请用漂白布代替
抹布进行相关操作。保存漂白布时，注意不要染上周
围食物的怪味。

制作点心专用重石

也被叫做水果派重石。制作水果塔、核桃派等的面团
时会用到的石头。一般会选用导热性能较好的铝制
石头，也可以用小豆等代替。使
用这种石头制作派皮时，要减
少石头与面团的直接接触，需
要事先垫上铝箔纸或者烘焙纸。

烤盘

在甜点制作中，一般是指金属制或者在金属基础上进
行树脂加工的方形平底盘。烤盘不仅可以用于摆放甜
点，还可以作为烤制蛋糕卷
的模具。这种方形烤盘一般
由烤箱自带，想要选用圆形
烤盘时，建议您另外购买。

食材篇

银色糖珠

银色糖珠是将玉米淀粉与砂糖混合到一起，裹上食用
银粉后制成的，有各种不同大小、
形状和颜色的。经常与鲜奶油、
蛋白酥、糖霜等一起用于点心的
装饰（经常用于第20页"纪念日
草莓蛋糕"中）。

甘纳许

即ganache，在巧克力中加入鲜奶油或者黄油、调味
的洋酒等混合之后制成。在甘纳许的基础之上，人们
制作出了"奶油巧克力"和"松露巧克力"等。

考维曲巧克力

Couverture（考维曲）在法语中是"涂层"的意思，是
指用于制作甜点的一种巧克力。加工这种巧克力时，
有一种通用的国际规定，即"可可总量占巧克力总量
的35%以上，可可脂含量
31%以上，无脂可可固态成
分含量2.5%以上，不可以
添加可可脂以外的代用油
脂"。

细砂糖

比绵白糖颗粒稍微大些，稍显粗糙感。几乎没有什么异味，具有清爽的甜味。

全麦饼干

是指用全麦粉或者加入小麦胚芽后制成的饼干。具有独特的香气，可以直接食用，也可以用于制作点心。一般将其切碎后与黄油混合作为奶酪蛋糕的饼底等。

奶油奶酪

是在牛奶中加入鲜奶油，不经过熟成操作而制成的天然奶酪总称。爽滑的口感以及淡淡的酸味是其主要特点。主要用于派皮的夹馅、制作奶酪蛋糕、慕斯或者巴伐利亚奶油甜点等。

酸奶油

在鲜奶油中加入乳酸菌后，发酵制成的奶油。具有酸爽的口味和清爽的口感。常被用于制作奶酪蛋糕或者慕斯、巴伐利亚奶油甜点等。

绵白糖

一种十分常见的砂糖。其结晶较为细腻，湿润且具有较柔和的风味，是一种精制白糖，也被叫做白砂糖。本书食材栏中标记为"砂糖"的都是指绵白糖。

果皮

水果等的果皮或者用果皮制成的蜜饯。果子露中有时还将其称之为煮制水果皮（参照第65页）。

果泥、蔬菜泥

将蔬菜或者水果等新鲜食材在生鲜状态或者加热后磨碎、过滤得到的食材。市场上直接有冷冻果泥等出售，用于制作慕斯或者冰淇淋等冰冻甜点。

黄糖

与黑糖一样，是从甘蔗中提取、未经过精制的糖类，浓稠的味道以及甜味是其主要特点。也是三温糖等褐色的砂糖的总称。

糖粉

将精制糖磨碎后制成的细腻粉末状砂糖。由于糖粉颗粒较小，容易结成硬块，使用时可以添加玉米淀粉等食材。主要用做糖霜或者装饰等。

利口酒

利口酒是在蒸馏酒里加入酸醋栗或者橙子等水果或红茶、咖啡豆等浸泡，将食材中的香味转移到酒里，最后再加入适量果子露制成的。利口酒可以直接饮用，但多用于制作鸡尾酒或者甜点。

操作篇

糖霜

是指将蛋白、糖粉、柠檬汁等混合到一起制成的砂糖糖霜。此外，这种糖霜还可以涂抹于蛋糕或者曲奇上，写一些字样或者画上图案等（参照第23页、第65页）。

大体冷却

是指将刚烤制出来的点心冷却至双手能够碰触的温度。特别是在制作冷饮的时候，事先将食材冷却，能够防止冰箱冷藏室的温度上升，防止带有香味的成分是随着温度的升高味道有所流失。

混合过筛

属于食材的准备工作，用到泡打粉或者可可粉的时候，将其与面粉一起过筛。

干面粉、撒上干面粉

揉开面团时需要使用到的面粉，撒在擀面杖或者砧板上。制作西式甜点时一般选用高筋面粉或者低筋面粉。制作和式甜点时，一般选用优质糯米粉、土豆淀粉、玉米淀粉等。

擀面团

用砧板和擀面杖等工具将面团擀到一定厚度，用手将其慢慢摊开。

醒发面团

有时，需要将调和好的面团放入容器里，或者盖上塑料薄膜放置一段时间。这就是面团的醒发，是使面团中的面筋充分稳定下来的必要操作。通过对面团不同程度的醒发，能够营造出面团烤好后的湿润感和松脆口感。

喷雾

烤制之前，在面团表面均匀喷上一层水雾的操作。主要用于想要烤制出有裂纹的点心或者将其表面烤制酥脆时。选用专门用于制作料理的喷雾工具即可。

涂抹涂层

在甜点制作中主要是指防止食材被湿气浸湿而裹上一层砂糖糖霜或者奶油、融化的巧克力、糖霜等，主要用于调味或装饰。

冷却

将加热后高温的食材置于常温中，使其自然降温的操作。

恢复到室温

本书中的"室温"主要是指没有放入冰箱中、什么操作也没有进行时的温度。人类最适宜生存的温度是15~25℃。将食材冷却到室温时，要根据当时的室温进行调整。室温较高时，可以在制作前20~30分钟时将黄油、鸡蛋等食材取出使其恢复到室温，室温较低时，则要在制作前1小时将其从冰箱中取出置于室温中恢复，这样制作时，各种食材才能达到理想温度。

搅拌

用打蛋器或者橡胶铲摩擦容器底部，将全部食材充分搅拌均匀的搅拌方法。主要用于向黄油或者蛋黄中加入砂糖时。

结块

向水或者蛋液等液体中加入砂糖、低筋面粉等粉状食材时，部分食材没有充分溶开，形成一些小颗粒的现象。这样的食材会影响口感，因此在搅拌粉状食材时，一定要事先过筛，再加入液体中进行搅拌。

奶油有棱角

充分搅拌、打发鲜奶油或者蛋白霜时，举起打蛋器，附着在打蛋器前端的奶油会有棱角。

手沾水

是指对面团进行处理时，将手蘸上适量水再进行整理。蘸手水主要有砂糖与清水混合的、米酒与清水混合的以及食盐与清水混合的几种。制作不同甜点时，请结合面团的主要特点选择不同的蘸手水。例如制作第175页的"山茶叶饼"时，选用砂糖与热水的混合作为蘸手水。

回火

是为使考维曲巧克力中的可可脂结晶达到最稳定状态而进行的温度调节操作。操作时，一边用温度计控制温度，一边隔水加热，待巧克力融化之后，使其慢慢冷却，然后再次进行隔水加热，直至使巧克力具有较为爽滑的口感和柔软度（参照第114页）。

扎眼

指在面团上进行插、刺，如果直接烤制面团，面团容易出现过度膨胀的现象，因此在烤制之前，需要在面团上插一些便于排放空气的小洞。本书中用叉子扎眼，您也可以选用专门的工具。

冷却

是指将食材放入冰水中、使用冰箱进行冷却操作等。

分离

将各种食材混合到一起时，食材中的油分和水分不能较好地混合到一起，呈现出分离状态。此时，比起将食材一点点混合均匀的方法，更建议您一直对其进行搅拌直至食材分布均匀。

搅拌

切割式搅拌法

为了不使面团变粘，用刮铲或刮板将面团纵向切开，再将各种食材切碎后混合到一起。

切拌法

搅拌蛋白、奶油时，为了防止消泡，从装有面团的容器底部将食材向上抄起、翻动的搅拌方法。

撒

将粉末状食材往甜点上均匀喷撒的操作方法。

隔水加热

隔着热水间接加热的方法。能够有效防止食物烧焦或者剧烈的温度变化。

预热

将烤箱等工具提前加热，使其保持一定的温度。

余热

停止加热之后，点心、锅、烤箱等残留的温度。

名称·其他篇

焦糖

将水与砂糖混合，加热至茶色后的浓稠状糖浆。是一种通过砂糖焦化处理后产生的具有独特甜味和轻微苦味的调味、上色方法。用于布丁中的焦糖糖浆十分有名。

面团

面粉加水或加入带有水分的食材后揉成的物质。是甜点成型、烤制之前的状态。

碎屑

一种铺于派皮中间的东西，起到吸收夹馅中多余水分的作用。一般是用碎掉的咸味饼干充当。有时也会用派皮或者切碎的海绵蛋糕表皮。

杏仁奶油

一种将杏仁碎、糖粉、黄油、鸡蛋混合后制成的奶油。主要用于制作水果派或者派皮（参照第94页）。

褐色黄油

将黄油放入锅里加热，使其变成褐色（参照第61页）。将做好的褐色黄油加到面团里，能够产生独特的风味。

糖衣

在砂糖结晶之前，充分煮制制成。主要用于包裹坚果。

海绵蛋糕面糊

是指不将蛋黄、蛋清分开，采用一起搅拌的共同打发法制成的一种蛋糕面糊，是一种加入融化黄油的面糊。

水果派

是指将派皮铺入模具中，填充上奶油或者水果后烤制而成的甜点。有时也会用模具类型为甜点命名。除了填充奶油夹心进行烤制外，有时还会先将派皮烤好，再填充卡仕达酱、鲜奶油等夹心。

迷你水果派

一口就能吃下的迷你水果派（参照第99页）。

水果塔面团

一种揉搓型面团，用模具压过之后直接进行烤制，还能制成黄油饼干。面团中加入了大量砂糖和黄油，烤出的甜点口味独特，具有酥脆的口感。主要用作水果派的面团。（参照第94页）。

夹馅

是从英语Fill中衍生出来的词语，是指水果派中的夹心或者夹馅。

玛芬蛋糕

用加入泡打粉的面团烤制出的杯状甜点，还有一种用酵母面团烤制的扁平圆形的英式玛芬甜点。

慕斯

mousse一词是泡沫的意思，物如其名，这是一种用泥状食材加入打发后的鲜奶油或者蛋白等之后制成的口感细腻、富有蓬松感的奶冻式甜点。

蛋白霜

将蛋白打发后制成的食材或者用这种奶油制成的点心（具体打发方法请参照第39页）。

甜点制作之前

1. 准备好所需器具以及食材
   在制作面团时，中途停止可能会影响面团的状态，最终导致失败。因此，为了制作过程的连贯性，请在制作之前参照"需要用到的工具""食材"等内容，事先将需要用到的器具和食材准备齐全。

2. 准确称量食材
   为了成功制作出美味甜点，首先对用到的食材进行准确称量是十分必要的。因此，请正确使用秤以及量匙等称量用具，将所需食材称量好备用（参照第8页、第9页、第11页）。

3. 准备工作
   在开始制作甜点前，各种操作步骤前面都会有详细的"准备工作"。根据甜点种类的不同，准备工作的内容也会有所不同，请参照每个食谱里的"准备工作"准备好。

本书特点

本书的主要特点为，书页的中间部位有制作的大致顺序，在制作之前，
就能让您将流程熟记于心，做到胸有成竹，顺畅完成各种制作步骤。
此外，还配有插图，让您更直观地感受制作过程，使操作更加流畅。

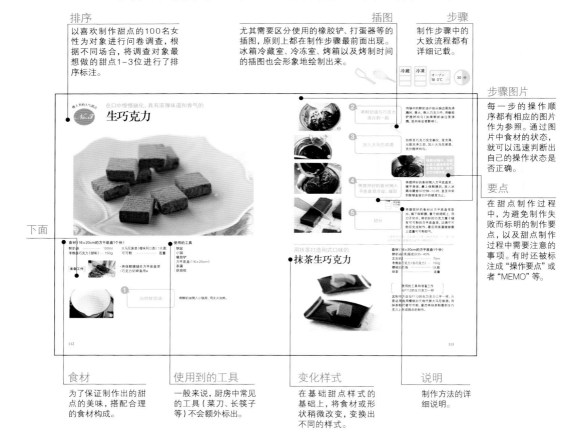

排序
以喜欢制作甜点的100名女性为对象进行问卷调查，根据不同场合，将调查对象最想做的甜点1~3位进行了排序标注。

插图
尤其需要区分使用的橡胶铲、打蛋器等的插图，原则上都在制作步骤最前面出现。冰箱冷藏室、冷冻室、烤箱以及烤制时间的插图也会形象地绘出来。

步骤
制作步骤中的大致流程都有详细记载。

步骤图片
每一步的操作顺序都有相应的图片作为参考。通过图片中食材的状态，就可以迅速判断出自己的操作状态是否正确。

要点
在甜点制作过程中，为避免制作失败而标明的制作要点，以及甜点制作过程中需要注意的事项。有时还被标注成"操作要点"或者"MEMO"等。

下面

食材
为了保证制作出的甜点的美味，搭配合理的食材构成。

使用到的工具
一般来说，厨房中常见的工具（菜刀、长筷子等）不会额外标出。

变化样式
在基础甜点样式的基础上，将食材或形状稍微改变，变换出不同的样式。

说明
制作方法的详细说明。

Part 1

适合不同场合的
人气甜点NO.1

根据问卷调查的结果，列出了"不同场合下想要制作的甜点"
各类别排名NO.1的甜点。书中介绍的怎样才能将蛋糕装饰得
更加华丽、漂亮等点子，也请在实际制作过程中参考。

纪念日草莓蛋糕

食材（直径15cm的圆形模具1个份）

海绵蛋糕面团
全蛋液 ·············· 110g
砂糖 ·············· 60g
低筋面粉 ·············· 60g
A[无盐黄油·············· 14g
  └ 牛奶 ·············· 20ml
草莓奶油
[草莓 ·············· 4~6颗
└ 砂糖 ·············· 20g
[鲜奶油 ·············· 150ml
└ 砂糖 ·············· 10g

櫻桃白兰地·············· 5ml
果子露（蛋糕用）
[糖粉 ·············· 10g
└ 水 ·············· 1大匙
糖霜
糖粉 ·············· 25~30g
蛋白 ·············· 1小匙
柠檬汁 ·············· 数滴
银色糖珠（小·粉色） 适量
草莓（装饰用） ·············· 适量
薄荷叶 ·············· 适量

使用的工具

直径15cm的圆形模具
直径12cm的小碗（用作压制模具）
第82页草莓海绵蛋糕用到的工具（不需要裱花袋和裱花嘴）

※第20页完成图片上的曲奇请参照第40页的模具曲奇制作方法进行制作。

准备工作
·与第82页草莓海绵蛋糕一样

制作海绵蛋糕面团

（请参照第82页草莓海绵蛋糕的制作步骤①~⑦）

1 将鸡蛋和砂糖混合后进行打发

将鸡蛋和砂糖倒入容器里，用打蛋器打发，打发过程中要将容器底部置于50℃左右的热水里隔水加热。待食材中的砂糖融化后，将容器从热水中移开，用手持式搅拌机继续对其进行打发。

2 将黄油和牛奶隔水加热

使用刚才锅里的热水，继续对A中食材进行隔水加热。

3 加入面粉后与②中食材混合到一起

将过筛的面粉的一半筛入容器，用橡胶铲从底部使劲将食材铲起，将容器里的食材搅拌均匀。待面团搅拌均匀后，继续加入剩余面粉搅拌。然后加入②中处理好的食材，用橡胶铲搅拌至面团出现光泽为止。

4 将搅拌好的食材倒入模具

将搅拌好的食材倒入模具，将面团表面摊平。

5 烘烤

将装有面团的模具放入烤箱里，用180℃烤制10分钟，调至170℃继续烤15~20分钟。烤好后，在蛋糕中间部位插入竹签，如果竹签上没有粘连任何食材则表示完成烤制。将烤好的蛋糕从模具中取出，撕下烘焙纸，翻过来放置，稍微冷却一下。然后，将蛋糕翻转过来，继续冷却。

烤箱 180℃ → 10分钟 → 烤箱 170℃ → 15~20分钟

制作草莓奶油

1 将草莓裹上砂糖

将草莓去蒂,切成5mm的小块,裹上砂糖,放置5分钟左右。

2 将草莓与鲜奶油混合

将砂糖加到鲜奶油里,容器底部放入冰水里,待食材充分冷却后,将其搅打至7分发,然后将其与①中处理好的草莓混合,加入樱桃白兰地。

装饰

1 将蛋糕切开

将冷却后的海绵蛋糕横向3等分,将图中标号为C的最上面的那块用直径12cm的小碗压住,沿边缘切出一个小圆。

2 在B片(底部)上涂抹果子露和奶油

将糖粉和水放入小锅里,稍微煮一会儿,冷却后制成果子露,将其用毛刷涂抹在B的切面上,用抹刀抹上一层草莓奶油。

3 在A片(中间)上涂抹果子露

在B上放上A,同样涂抹一层果子露。

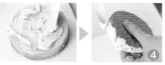

4

涂抹一层奶油后，
放上C（上部）

C 蛋糕的侧面也要涂抹一层奶油，
抹好后，将其置于 B 的中间部位。

较为细小的部位可以用黄油
刀进行涂抹，使做出的蛋糕
更加精致。

5

完 成

在整个蛋糕周围都涂上奶油，装
饰上挂上糖霜的曲奇饼干、银色
糖珠、切小的草莓、薄荷叶后，
完成蛋糕的制作。

挂糖霜

1 制作糖霜
将糖粉加到蛋白里，
用汤匙（或者小打蛋
器）将其充分搅拌至
浓稠状。

2
滴入几滴柠檬汁，将
其充分搅拌均匀。

3 制作圆锥纸袋，
倒入糖霜
用切割成三角形的烘
焙纸折叠成圆锥纸
袋，用汤匙一点点将
制作好的糖霜倒入
纸袋，将袋口折起来
封好。

4 剪掉圆锥纸袋的
前端
用剪刀将纸袋前端剪
开。

5 挤糖霜
慢慢用力，将纸袋里
的糖霜挤出来，画出
花纹或字样。

※如果制作糖粉时出现结块，可以用茶漏过滤一下。※此处要用糖粉写字，因此制作时要比第65页的糖霜更浓稠一些。
※圆锥纸袋的具体制作方法请参照第14页。

纪念日草莓蛋糕的变化样式
新鲜水果装饰蛋糕

其食材、工具、准备工作与第20页纪念日草莓蛋糕
的一样，只不过在具体操作过程中，将蛋糕横向一分
为二。用鲜奶油代替草莓奶油夹到蛋糕中间，外面
也全部抹上鲜奶油。最后装饰时，选用几种新鲜水
果或者砂糖薄荷叶等代替草莓。

装饰用巧克力铅笔
用于在蛋糕上或者盘子
上画细线的巧克力铅
笔。一般需要加热一下
再使用。

砂糖薄荷叶
将薄荷叶清洗干净，每一片都充分擦干水分。用毛刷
抹上蛋白后，撒上细砂糖，待蛋白变干即可。

适合特别日子的人气甜点

No.1
★★★

适合生日·节日的人气甜点

No.3

烘烤型奶酪蛋糕

食材（直径18cm的圆形模具1个份）

饼底

无盐黄油	60g
糖粉	30g
食盐	少许
蛋黄	10g
低筋面粉	100g
高筋面粉	适量

奶酪蛋糕

奶油奶酪	250g
酸奶油	220g

细砂糖	100g
食盐	少许
香草荚	½根
全蛋液	75g
柠檬皮	½个份
柠檬汁	2小匙
低筋面粉	20g
A 杏仁果酱	1大匙
可安多乐酒	1小匙

使用的工具

直径18cm的圆形模具
毛刷、擦菜板
烘焙纸、面粉筛
钢盆、橡胶铲
打蛋器、砧板、擀面杖
小锅、冷却架

a

准备工作

· 将低筋面粉筛好备用

· 将黄油和鸡蛋从冰箱中取出，恢复到室温

· 在模具内涂抹薄薄一层黄油，铺上烘焙纸

制作饼底

（参照第94页混合浆果塔操作步骤①~④进行制作）

①

1 将食材搅拌均匀

将黄油放入钢盆里，用橡胶铲切拌几下后，用打蛋器搅拌，加入糖粉和食盐后充分搅拌均匀。向容器里加入蛋黄和筛好的低筋面粉后，用橡胶铲搅拌均匀。

2 醒发面团

加入面粉，搅拌至看不到干面粉，面团成型时，包上保鲜膜，置于冰箱冷藏室醒发30分钟以上。

冷藏 30分钟

②

3 将面团擀开之后，放入模具里

在砧板和擀面杖上撒适量干面粉，用擀面杖将面团擀成4mm厚。将擀好的面团置于直径18cm的圆形模具里，去掉多余边缘部位。

③

4 醒发面团

将面团置于冰箱冷藏室里醒发30分钟左右。

冷藏 30分钟

此时将烤箱预热到180℃

5 将醒发好的面团置于烤箱里烘烤，烤好后冷却

用叉子在面团表面均匀地扎眼，将模具置于铺有烤箱专用纸的烤盘里。180℃烤制15~18分钟。烤完后，从烤箱中取出，置于冷却架上冷却。

 烤箱 180℃　 15~18 分钟

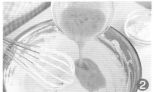

制作奶酪面糊

此时将烤箱预热到170℃

1 混合奶油奶酪和酸奶油

将奶油奶酪、酸奶油倒入钢盆里，用橡胶铲混合均匀，加入细砂糖、食盐以及从香草荚中取出的香草籽，将各种食材充分混合均匀。

用汤匙前端刮剖开香草荚，取出香草籽。

2 加入鸡蛋液

将搅拌均匀的全蛋液分3次加到容器里，充分搅拌均匀。

3 加入柠檬、低筋面粉

加入磨碎的柠檬皮和挤好的柠檬汁，筛入已经过筛的低筋面粉，将各种食材充分搅拌均匀，直至看不到干面粉为止。

磨柠檬皮的时候，只取柠檬表面的黄皮即可，白色部分会有苦味，影响甜点口感。

如果选用一体式模具，要在底部铺上两块交叉呈十字状的烘焙纸纸条

4 将面托和夹馅放入模具里

做好奶酪面糊之后，如果发现有结块，可以用筛子过滤一下。将冷却好的饼底放入模具，再倒入做好的奶酪面糊。

5 放入烤箱里烘烤，完成

将奶酪蛋糕放入烤箱里，170℃烤50分钟，烤好后，将模具取出，待蛋糕稍微冷却之后，脱模，继续冷却。将A中食材倒入小锅里加热，搅拌均匀后将其涂抹在蛋糕上。

 烤箱 170℃　50分钟

奶酪棒

食材（18cm的方形模具1个份）

⌈ 全麦饼干 ……………	80g
│ 无盐黄油 ……………	40g
⌊ 肉桂粉 ……………	½小匙
奶油奶酪…………	250g
酸奶油 …………	200g
细砂糖 …………	100g
食盐……………	少许
柠檬皮 …………	½个份
全蛋液……………	75g
低筋面粉…………	20g
可安多乐酒…………	10g

使用的工具

18cm的方形模具
塑料袋
钢盆
橡胶铲
打蛋器
擦菜板
面粉筛

准备工作

·将低筋面粉筛好备用
·将黄油隔水加热至液体
·鸡蛋从冰箱中取出，恢复至室温
·烤箱预热至170℃

① 将全麦饼干放入塑料袋里，用擀面杖等工具敲碎、碾细，加入融化的黄油、肉桂粉后充分搅拌均匀。

② 将①中搅拌好的食材铺在模具底部，放入冰箱冷冻室里冷冻。

③ 将奶油奶酪、酸奶油加到钢盆里，用橡胶铲搅拌均匀，加入细砂糖、食盐后用打蛋器搅拌均匀。

④ 将充分搅拌好的全蛋液分3次加到③里，充分搅拌均匀。

⑤ 加入磨碎的柠檬皮和可安多乐酒，筛入低筋面粉，搅拌至看不到干面粉为止。如果发现奶酪里有结块，可以用筛子筛一下。

⑥ 将⑤中搅拌好的奶酪糊倒入②中模具里，将模具置于170℃的烤箱里烤制45分钟。烤好后，将模具取出，稍微冷却之后，脱模，充分冷却之后，切成棒状即可。

水果磅蛋糕

a Un Petit Cadeau

食材（7×19×6.5cm的大号磅蛋糕模具1个份）

无盐黄油	150g	朗姆酒腌渍水果干	150g
黄糖	100g	（具体制作方法参照P30）	
砂糖	50g	装饰用	
食盐	少许	朗姆酒	1~2大匙
全蛋液	150g	杏肉果酱	1大匙
低筋面粉	170g	杏、无花果等水果干	适量
泡打粉	1小匙	开心果	适量
牛奶	1~2大匙		

使用的工具

7×19×6.5cm的大号磅蛋糕模具
钢盆、橡胶铲
打蛋器、面粉筛
烘焙纸、耐热容器
毛刷、竹签子
冷却架

准备工作

a

· 将低筋面粉与泡打粉混合后过筛
· 将黄糖与砂糖混合
· 将黄油和鸡蛋从冰箱中取出，使其恢复到室温
· 在模具内涂抹薄薄一层黄油后，垫上烘焙纸
· 烤箱预热到200℃

（请参照第62页柠檬酸橙磅蛋糕的制作步骤①~⑨）

①

① 将黄油打成奶油状

将黄油放入容器里，用橡胶铲搅拌，然后用打蛋器将其搅拌成奶油状。

②

② 加入砂糖类、食盐

将黄糖和砂糖分2次加到容器里，加入食盐，将食材搅拌蓬松。

③

③ 加入鸡蛋液

将蛋液搅开，分4~5次加到②中容器里搅拌均匀。

④

④ 将水果干裹上面粉

将水果干放到另一个容器里，加入1大匙过筛的低筋面粉，轻轻搅拌均匀。

将水果干裹上面粉再加入面团里，水果干不容易沉到面团底部，可防止水果干分布不均。

5 加入面粉

将筛好的面粉再次筛一下加到❸里，用橡胶铲搅拌均匀。

6 加入水果干

搅拌至看不到干面粉之后，将❹中处理好的水果干加到❺里，搅拌至水果干均匀分布，面团出现光泽即可。

如果材料稍显干硬，可根据实际干硬程度适量加入牛奶搅拌

7 将面团倒入模具里烘烤

烤箱 200℃ → 10分钟 → 烤箱 180℃ → 40分钟

将❻中搅拌好的面团倒入模具，放入烤箱里，200℃烤10分钟，将温度调低至180℃后继续烤40分钟。在烤制过程中，如果发现蛋糕表面将要烤焦，可以将温度降至170℃。烤好后，用竹签插入蛋糕，如果没有粘连任何食材，表明烤制完成。

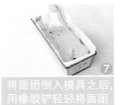

将面团倒入模具之后，用橡胶铲轻轻将面团表面摊平。

8 将烤好的蛋糕从模具中取出冷却

将烤好的蛋糕从模具中取出，置于冷却架上冷却。

朗姆酒腌渍水果干

食材

水果干（混合）……… 130g
朗姆酒………………2~3大匙
肉桂、丁香、肉豆蔻
（全部为粉末状）… 各少许

使用的工具

笊篱
钢盆
纸巾
方形平底盘
储存容器

❶ 将水果干倒入笊篱里，置于温水中浸泡1分钟左右，去除表面的杂质（油或者砂糖等）。

❷ 沥干水分，将泡好的水果干倒入方平底盘里，用纸巾拭干水分。喜欢的话，您还可以用香辛料调味。

❸ 将处理好的水果干倒入储存容器里，倒入朗姆酒，充分浸泡。

 涂抹朗姆酒

趁热将蛋糕表面用毛刷刷上一层朗姆酒。

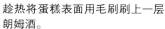

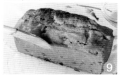

在蛋糕表面涂上朗姆酒。这样能有效防止蛋糕变干，延长可食用时间。

10 冷却之后涂抹果酱

将杏肉果酱倒入较小的耐热容器里，用微波炉加热之后，用毛刷刷在蛋糕上。

11 放上水果干、坚果

最后摆放上色彩缤纷的水果干、坚果等，进行装饰。

水果磅蛋糕的变化花样

只需将磅蛋糕模具换成圆形模具，再烤制，就能转换成完全不同的感觉

食材、选用的工具、准备工作等与第28页的水果磅蛋糕一样，只不过将烤制模具换成直径15cm的圆形模具。

最后完成时，除用杏肉、无花果等水果干、开心果装饰外，还添加了核桃仁，您还可以根据个人喜好添加其他水果干、坚果等。

食材（28cm方形烤盘1个份）

蛋液··················	160g
砂糖 ················	90g
低筋面粉 ·············	90g
A ┌ 无盐黄油··············	20g
└ 牛奶 ···············	30ml

果子露

┌ 砂糖 ·················	20g
│ 水 ·················	3大匙
└ 樱桃白兰地 ·······	2~3小匙

鲜奶油 ·············	200ml
砂糖 ·············	20g
装饰用蛋白酥（参照第35页）	
银色糖珠（小、粉色）···	适量

使用的工具

28cm方形烤盘	烘焙纸
钢盆	蛋糕刀
小锅	抹刀
打蛋器	毛刷
手持式搅拌机	砧板
面粉筛	刮板
橡胶铲	喷雾
竹签	

┌ 准备工作 ┐ · 低筋面粉过筛备用

· 根据模具大小铺上一层适当大小的烘焙
纸（铺烘焙纸之前，在烤盘里涂抹薄薄
一层色拉油，使纸张固定）ⓐ

制作海绵蛋糕面团

（参照第82页草莓海绵蛋糕
的操作步骤❶~❼进行制作）

**❶ 将鸡蛋、砂糖
打发一下**

将鸡蛋、砂糖加入钢盆里，用打蛋
器搅拌，放入50℃左右的热水里
边隔水加热边打发，搅拌至砂糖
融化后，将容器从热水里取出，用
手持式搅拌机继续打发。

**❷ 对黄油、牛奶
进行隔水加热**

将A中食材放入❶中的热水里隔
水加热。

**❸ ❶中分两次加入
面粉，将搅拌好的
食材与❷混合**

将过筛后的面粉筛一半到容器
里，用橡胶铲从底部抄起，将面
粉与其他食材搅拌均匀。待搅拌
至几乎没有干面粉时，筛入剩余
一半面粉搅拌均匀。继续加入❷
中搅拌好的食材，用橡胶铲搅拌
至面团有光泽为止。

**❹ 将搅拌好的面团
倒入烤盘里**

将搅拌好的面团倒入烤盘里，面
团表面用刮铲轻轻摊平，用喷雾
器在面团表面喷上一层水。

> 用刮板将面团从中间向烤盘
> 四角充分摊平。

5

放入烤箱烘烤

烤箱
180℃

0~15
分钟

将整理好的烤盘置于烤箱里，180℃烤10~15分钟。烤好后，用竹签插入蛋糕，如果没有粘连任何食材，就表明烤制完成。将烤好的蛋糕从模具中取出，翻转过来揭下垫纸，让蒸汽散发出来，然后放回揭开的烘焙纸，继续冷却。

完 成

1

准备果子露、鲜奶油

将砂糖与水倒入小锅里，煮至砂糖化开。待糖浆冷却后，加入樱桃白兰地。将鲜奶油和砂糖倒入钢盆里，底部浸入冰水中，打至8分发。

2

将果子露、鲜奶油
涂抹在蛋糕片上

用毛刷将果子露涂抹在蛋糕片上。再用抹刀取一半打发好的鲜奶油涂抹于蛋糕上，涂抹时要使蛋糕最里端空约2cm宽。

3

卷蛋糕

冷藏

1~2
小时

将蛋糕下面的烘焙纸向上慢慢抬起，向前卷出约2cm宽作为蛋糕卷的芯，然后慢慢将蛋糕卷起来。卷好后，将末端向下，用烘焙纸包裹起来，放入冰箱冷藏室里1~2小时，使蛋糕卷定型。

用抹刀从身前开始往前划4~5道口子，卷蛋糕的时候更加轻松。

4

将蛋糕边缘部位切掉
▲ 制作切割树根

揭下烘焙纸，将蛋糕两端切掉。然后将其中一块蛋糕边倾斜切下，制作出切割树根的样式。

5

装 饰

将剩余鲜奶油用抹刀涂抹在蛋糕侧面，放上切好的小树根，小树根侧面也要抹上奶油，用叉子划制出木头的纹络。用蛋白酥（第35页）装饰。

划制木头纹络的时候，将叉子弯曲部位向下，从后面开始慢慢在蛋糕表面划上纹络。

蛋白酥的制作方法

食材

蛋白·················· 15g
细砂糖 ·············· 70g
酒石酸 ·············· ⅛小匙
可可粉 ·············· 适量
草莓粉·············· 适量

使用的工具

钢盆
手持式搅拌机
（可用打蛋器代替）
裱花袋
10mm的圆形裱花嘴
烘焙纸
茶漏

① 将蛋白倒入容器里，搅拌开。

② 待蛋白搅拌开后，加入1大匙细砂糖，用手持式搅拌机搅拌至蛋白呈蓬松状。

③ 继续加入1大匙细砂糖，加入酒石酸后，打发。一点点加入剩余细砂糖，将食材充分打发。

④ 搅拌至蛋白蓬松有棱角时，将蛋白霜移到装有裱花嘴的裱花袋里，挤动裱花袋，将蛋白霜挤到垫上烘焙纸的烤盘里。

⑤ 分别挤出蘑菇的菌盖、菌柄和树枝之后，将烤盘放入烤箱里，100~110℃烤70~90分钟左右。

⑥ 将烤好后的菌盖从里面用刀挖一下，插入菌柄。用茶漏将草莓粉或者可可粉过滤后撒到做好的蘑菇上。将做好的棒状树枝切成4~5cm的长度。

※酒石酸即酒石酸氢钾，是一种膨胀剂。具有使蛋白霜中的气泡稳定的作用。

色彩不同的

可可奶油
蛋糕卷

食材、使用的工具、准备工作与第32页圣诞树根蛋糕一样，但不同的是，用可可奶油代替鲜奶油进行涂抹。

食材（可可奶油）

鲜奶油 ·············· 200ml
可可粉 ·············· 3大匙
砂糖 ··················· 20g
热水·················· 1大匙
朗姆酒·················· 1大匙
可可粉（完成时用）···适量

① 将可可粉、砂糖倒入容器里，搅拌均匀。加入热水、朗姆酒后，搅拌至没有结块。

② 将鲜奶油一点点加到①中，搅拌均匀。容器底部浸入冰水，一边冷却，一边用打蛋器打至8分发。

③ 按照第32页圣诞树根蛋糕的装饰方法进行装饰，装饰完成后，撒上适量可可粉即可。

心形巧克力蛋糕

食材（16cm的心形模具1个份）

考维曲巧克力（甜味）…	85g	可可粉 ……………………	40g
无盐黄油………………	50g	低筋面粉 ………………	15g
蛋黄 ……………………	60g	蛋白 ……………………	90g
细砂糖 …………………	60g	细砂糖 …………………	50g
		糖粉 ……………………	少许

使用的工具

16cm的心形蛋糕模具
钢盆
锅
打蛋器
面粉筛
橡胶铲
手持式搅拌机
茶漏

[准备工作]

- 将巧克力切碎备用
- 将黄油切成1cm厚的片状
- 将蛋黄、蛋白恢复至室温
- 将可可粉和低筋面粉混合过筛，备用
- 将烤箱预热到180℃
- 在模具内涂抹薄薄一层黄油，筛上适量低筋面粉

1 将巧克力和黄油隔水加热

将巧克力、黄油置于钢盆中，放入热水里隔水加热，将食材化开。

2 打发蛋黄

将蛋黄、细砂糖倒入另一个钢盆里，用打蛋器将其搅拌至发白。

将蛋黄搅拌至发白，没有黏稠感为止。

3 将①中隔水加热好的食材倒入②里

待①中的巧克力和黄油化开之后，将其轻轻搅拌均匀，加到②中，充分搅拌均匀。

4 筛入面粉

将筛好的面粉再次筛到③中，搅拌均匀。

搅拌至完全看不到干面粉即可。

5 制作蛋白霜

将蛋白加到另一个容器里，轻轻搅拌开，加入约¼的细砂糖，用手持式搅拌机搅拌至食材发白。将剩余砂糖分3次加入，直至将蛋白霜搅拌至有棱角（干性发泡）为止。

6 将蛋白霜与巧克力面团混合

将¼⑤中打发好的蛋白霜加到❹中，充分搅拌均匀。将剩余的蛋白霜的⅔分两次加入，充分搅拌均匀。搅拌动作要轻快，防止将蛋白霜里的气泡弄碎。

7 完成面团的制作

最后，将巧克力面团倒入装蛋白霜的容器里，用橡胶铲搅拌均匀，搅拌至看不到白色的纹络为止。

搅拌过程中，将橡胶铲抵在容器底部，将面团向上挑起，直至将其充分搅拌均匀。

8 将面团移到模具里

将搅拌好的面团移到模具里，面团表面用橡胶铲轻轻摊平。

9 放入烤箱里进行烤制

将模具放入烤箱里，用180℃烤制20分钟，将温度调至170℃后继续烤制20~25分钟。

烤箱180℃ → 20分钟 → 烤箱170℃ → 20~25分钟

10 冷却

烤好后，将模具从烤箱里取出，冷却一段时间。由于烤好的蛋糕胚较脆、容易碎裂，因此要先保持原状，置于模具中冷却一会儿，然后再脱模，将其完全冷却。待蛋糕冷却之后，用茶漏撒上些糖粉，将心形巧克力蛋糕稍微装饰一下。

心形巧克力的制作方法

将巧克力隔水加热化开，用汤匙将化开的巧克力倒入铺有烘焙纸的方平底盘上。此时要尽量将巧克力摊成厚薄均匀的一片，可以使用汤匙背。待巧克力冷却、凝固后，用热过的心形模具压制，将其制作成心形巧克力。

用手持式搅拌机打发蛋白时的注意事项

用手持式搅拌机打发蛋白时，突然用高速搅拌、一直用高速或者一直用低速搅拌，都没法使蛋白霜中含有较多的细腻气泡。因此搅拌时，要先用低速挡，将蛋白搅拌开之后，再用高速将奶油搅拌至蓬松有棱角。再将搅拌机调至低速挡，调整气泡的细腻程度。最后换成打蛋器，完成最后的调整。

最开始用低速挡

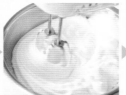

搅拌至蛋白整体发白后，换成高速挡

搅拌至蛋白霜能拉起尖角时，换成低速挡

最后用打蛋器调整

情人节的由来

　　情人节为每年的2月14日，在这一天，世界各地的少男少女们都会通过赠送礼物来表达爱意和友好，相传这一节日是为纪念被罗马皇帝迫害的瓦伦丁（Sanctus Valentinus）神父而设立的。但女孩在情人节这天赠送巧克力给自己仰慕的男性，表达自己的爱意，则是从日本流传过来的习俗。最初，虽然这只是甜点制造商的宣传炒作，但后来由情人节也衍生出一系列词汇，并渗透到人们的生活中。例如最近在情人节买上一份高级巧克力犒劳自己的人也不断增多。现在，市场上出售的巧克力也十分漂亮，本书中除了心形巧克力蛋糕以外，还会向您介绍其他巧克力点心（第110~121页）、奶油巧克力蛋糕（第85页）、迷你巧克力蛋糕卷（第86页）以及适合不太喜欢巧克力人士的巧克力夹心薄饼（第55页）、巧克力玛德琳蛋糕（第59页）、布朗尼蛋糕（第74页）等十分适合情人节的巧克力甜点。

模具曲奇

食材（直径6.8cm的菊花形压制模具约20个份）

无盐黄油	100g	┌低筋面粉	170g
砂糖	70g	└杏仁粉	30g
食盐	少许	高筋面粉（干粉）	适量
蛋黄	20g		

使用的工具

钢盆
打蛋器
面粉筛
橡胶铲
烘焙纸
冷却架
擀面杖
砧板
菊花形压制模具
毛刷

将干面粉撒到砧板和擀面杖上

如果直接将干面粉撒在面团上的话，就会有计量之外的大量干面粉被揉进面团里，使面团里面粉含量过高。想要最大限度减少干面粉，就要将干面粉撒到擀面杖和砧板上，擀面杖上的面粉要用手抹得均匀些。

· 将黄油从冰箱里取出,恢复至室温 ⓐ
· 将低筋面粉与杏仁粉混合过筛,备用 ⓑ
· 将烤箱预热到180℃

1

将黄油搅拌成奶油状

将黄油放入容器里,最开始用橡胶铲搅拌,变软后用打蛋器搅拌均匀。

2

加入砂糖、食盐

分2次加入砂糖,加入食盐后,将食材搅拌均匀,直至黄油发白为止。

3

加入蛋黄

搅拌至砂糖化开后,加入蛋黄,充分搅拌均匀。

4

将面粉筛过之后加入,搅拌均匀

将事先筛过的面粉再筛一次后加入,用橡胶铲像切割似的将黄油与面粉充分混合。

5

用手将面团收拾好

将各种食材搅拌均匀,面团呈湿润状之后,用手整理,至面团看不到干粉为止。

41

 将面团放入冰箱冷藏室醒发

冷藏 1~2 小时

将面团摊成2cm左右厚，用保鲜膜包裹起来，置于冰箱冷藏室里低温醒发1~2小时。

通过醒发，低筋面粉中的淀粉充分吸收水分，使面团变得光滑、伸展性好。此外，通过冷却，面团的粘性降低，没有那么黏糊，处理起来也更加方便。

7 将面团摊开

在砧板和擀面杖上都撒上适量干面粉，将 6 中食材用擀面杖擀成3mm厚。

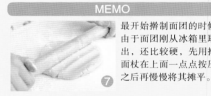

MEMO

最开始擀制面团的时候，由于面团刚从冰箱里取出，还比较硬，先用擀面杖在上面一点点按压，之后再慢慢将其摊平。

8 用模具进行压制

在模具上撒适量干面粉，压制 7 中擀好的面团，然后轻轻掸掉多余面粉，可用毛刷扫掉多余面粉。清扫干面粉的时候，从面团边缘开始，像画圆一样向面团中间部位扫去。

如果在此操作过程中面团变软，需要将其再次放回冰箱冷藏室，醒发30分钟左右。

9 将压制好的面团摆放于烤盘上，放入烤箱进行烤制

烤箱 180℃ 15分钟

在压制好的面团间留出一些间隔，摆放于铺有烘焙纸的烤盘上，然后放入烤箱里，180℃烤制约15分钟。

10 冷 却

为防止余热将曲奇烤过头，要将烤好的曲奇立即从烤盘里取出，摆放于冷却架上进行冷却。

如果将烤好的曲奇一直摆放在烤盘上，曲奇很容易烤过火，烤上较重的颜色。

白雪曲奇

食材（4cm大的星形・5cm大的铃铛形・
7.5cm大的叶形压制模具，合计35~40片份）

无盐黄油·············· 100g	┌低筋面粉 ·············· 160g
糖粉 ················· 50g	└杏仁粉 ·············· 40g
食盐················· 少许	高筋面粉（干粉） ····· 适量
蛋黄 ············· 20g	糖粉（完成时装饰用）··· 适量

使用的工具

除压制模具和方平底盘之外，其余与模具曲奇一样。完成之后用茶漏将糖粉筛在点心上面进行装饰。

其制作方法与第40页的模具曲奇一样。烤好之后，将曲奇趁热放到方平底盘上，用茶漏将糖粉撒到曲奇上。如果待曲奇冷却之后再撒糖粉，糖粉不容易粘到曲奇上，请注意。待曲奇裹上厚厚一层糖粉之后，将其转移到冷却架上，使其完全冷却。

Part 2

用不同面团制作
的基础西式甜点

本章以西式甜点的基础——面团类型作为分类标准，对使用不同面团类型的甜点进行介绍。只要熟知每种甜点的面团制作方法，您就可以举一反三，做出相似类型的甜点，让我们一起来享受甜点制作的乐趣吧!

用汤匙将曲奇面团按压成小圆饼干

美式曲奇

食材（12~14片份）

无盐黄油……………… 80g
砂糖 ………………… 70g
食盐………………… 少许
全蛋液 ……………… 50g
香草油……………… 2~3滴

低筋面粉 …………… 120g
泡打粉 ……………… ⅓小匙
混合水果干………… 25g
玉米片（不带糖）……… 20g

使用的工具

钢盆
打蛋器
面粉筛
橡胶铲
冷却架
烘焙纸

[准备工作]

· 将黄油恢复到室温a
· 将低筋面粉与泡打粉混合过筛, 筛2次
· 将烤箱预热到180℃

1 向搅拌好的黄油里加入砂糖、食盐

将黄油放到钢盆里, 用橡胶铲慢慢搅拌, 变软后换用打蛋器, 将黄油搅拌成奶油状。加入砂糖、食盐后, 搅拌至黄油发白。

2 加入鸡蛋

将鸡蛋搅拌开之后, 分2~3次加到容器里, 此时要对食材进行充分搅拌, 加入香草油, 搅拌均匀。

3 加入面粉

将筛过的面粉再筛一下, 加到容器里, 用橡胶铲将食材用切割方式搅拌均匀。

4 加入水果干、玉米片

搅拌至容器中还残留一些干面粉时, 加入水果干和玉米片, 翻动食材, 将其搅拌均匀。

5 摆盘

在烤盘上抹薄薄一层色拉油后, 铺上一层烘焙纸, 将搅拌好的面团用大汤匙一匙一匙放到烤盘上, 摆放的时候每两块曲奇中间要留出一些空隙。

6 将面团摊平

用汤匙背部轻轻按压, 将面团摊平。

7 用烤箱进行烤制

将摆好的曲奇放入烤箱里, 180℃烤制16~18分钟, 烤好后, 将曲奇移到冷却架上进行冷却。

烤箱 180℃   16~18 分钟

如果要对面团进行分别烤制的话, 建议您摆好盘之后, 将其放入冰箱冷藏室里, 待需要烤制时再拿出来。

由于这种曲奇是经过冷冻之后再烤制的，因此又叫做"冰箱曲奇"

大理石曲奇

食材（40~45片份）

原味面团

无盐黄油	60g
细砂糖	40g
食盐	少许
香草油	2~3滴
蛋黄	20g
低筋面粉	100g

可可面团

无盐黄油	60g
细砂糖	40g
蛋黄	20g
┌低筋面粉	85g
└可可粉	15g
蛋白	¼个份
细砂糖	适量

使用的工具

钢盆
打蛋器
面粉筛
橡胶铲
毛刷
方平底盘
烘焙纸
砧板
冷却架

[准备工作]

· 将黄油从冰箱中取出，恢复至室温 ⓐ
· 将制作原味面团的低筋面粉过筛
· 将用于制作可可面团的低筋面粉和可可粉混合过筛
· 将烤箱预热到180℃

制作原味面团

1 将黄油打成奶油状

将黄油放入钢盆里，用橡胶铲搅拌开，然后换用打蛋器，将黄油搅拌成奶油状。

2 将除低筋面粉的全部食材按顺序加入

向黄油里加入细砂糖、食盐，将其搅拌至发白，加入香草油、搅拌开的蛋黄后，将各种食材搅拌均匀。

3 加入低筋面粉

 冷藏 30分钟

将筛过的低筋面粉再筛一下，加到容器里，用橡胶铲进行切割式搅拌，搅拌至没有干面粉后，将面团整理成型，裹上保鲜膜后放入冰箱冷藏室里醒发30分钟以上。

制作可可面团

 冷藏 30分钟

将可可面团的食材按照原味面团①~③的步骤进行搅拌，搅拌好后，将面团置于冰箱冷藏室里醒发30分钟以上。

制作大理石面团

1 将每种面团的一半切碎后混合到一起

在保鲜膜上将原味面团和可可面团弄成小段，每小段约2大匙的量，间隔放置，使劲按压面团使其粘连到一起。按照同样的方法制作2根大理石面团。

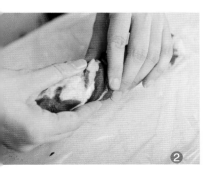

2 将面团拧起来，整理成宽约4cm的长棍状

将每根面团轻轻拧几下，使其具有大理石花纹，用指尖将面团擀长，使原味面团与可可面团混合到一起。

❸ **将面团放入冰箱冷冻室里进行醒发**

冷藏 | 2小时

将整理成棍状的面团用保鲜膜包裹起来，整理好形状。为防止面团中间有气孔，要对其进行低温醒发，置于冰箱冷冻室中，醒发约2小时即可。

可以保持以上冷冻状态，将面团保存1个月左右。

❹ **涂抹蛋白**

取下保鲜膜，为防止之后撒细砂糖时砂糖掉落，需将蛋白搅拌开之后，涂抹于面团上。

❺ **撒上细砂糖**

将细砂糖倒入方平底盘里，转动面团，使蛋液粘住砂糖。

撒砂糖的时候，由于这是棒状面团，需要转动起来将四个面分别按压，确保砂糖黏住。

❻ **用甜点刀切开**

冷冻后的面团较坚硬，因此要用双手从上面按压刀背，慢慢切出6~7mm的薄片。

❼ **烘烤**

烤箱 180℃ | 16~18 分钟

在烤盘内涂抹薄薄一层色拉油后，铺上烘焙纸，留出一定间隔，将曲奇饼干摆放在烤盘上，放入烤箱里，烤制16~18分钟。烤盘里摆不下的曲奇面团放入冰箱冷藏室里保存，可分2次烤制。

❽ **冷却**

将烤好后的曲奇饼干摆放于冷却架上，使其充分冷却。

用咖啡和杏仁打造富有成熟味道的

杏仁咖啡曲奇

食材（40~45片份）

无盐黄油······················ 80g
细砂糖 ························ 80g
食盐························· 少许
蛋黄 ······················· 20g
速溶咖啡（粉末）··· 2~3小匙
低筋面粉·················· 170g
杏仁粉···················· 25g
杏仁片 ····················· 50g
蛋白····················· 约¼个份
细砂糖 ····················· 适量

使用的工具

茶漏
除此之外与第48
页的大理石曲奇
一样。

1 将黄油放入钢盆里，用打蛋器搅拌成奶油状，加入细砂糖、食盐后搅拌至发白。

2 加入蛋黄和速溶咖啡后，继续搅拌。

3 加入筛好的面粉后，加入杏仁片，用橡胶铲进行切割式搅拌，搅拌至看不到干面粉时，将面团整理成棒状。

4 将整理成棒状的面团用保鲜膜卷起来，整理成5×2cm的方形条状，置于冰箱冷冻室里醒发2小时。

醒发之后的操作与第50页 4 之后的操作步骤一样。

准备工作

·将杏仁粉与低筋面粉混合过筛
·将黄油从冰箱中取出，恢复到室温，用橡胶铲搅拌
·将速溶咖啡用茶漏筛好备用
·烤箱预热到180℃

法语中意为瓦片的一种曲奇
瓦片饼干

食材（直径6~7cm约20片份）

低筋面粉 ·············· 15g	蛋白 ················ 40g
砂糖 ················· 35g	无盐黄油 ············· 15g
食盐 ················· 少许	香草油 ··············· 2滴
杏仁粉 ··············· 10g	高筋面粉（压印用） ····· 适量

使用的工具

钢盆
面粉筛
打蛋器
烘焙纸
圆形压制模具
擀面杖
砧板
棉线手套

请常备硅胶干燥剂

曲奇类甜点烤好之后要充分冷却，并要防潮、防湿。将冷却好的曲奇放入空气不易流通的罐子、瓶子、塑料袋等的时候，一定不要忘记放入硅胶干燥剂。建议您选用带有食品专用小袋的干燥剂类型，在一般的家居产品中心都能买到。

[准备工作]

·将低筋面粉、杏仁粉、砂糖和食盐混合过筛 ⓐ
·将烤箱预热到180℃

1 对黄油进行
隔水加热

将黄油放入小碗里，隔水加热，
将黄油化开。

> 将小碗从热水上取下之后，黄
> 油会再次凝固，在使用之前再
> 热一下。

2 将蛋白搅开

用打蛋器将蛋白搅拌开。

3 向面粉里加入
搅拌好的蛋白

向筛好的面粉里一点点加入搅拌
开的蛋白，搅拌至面粉没有结块
为止。

> 将食材搅拌至稀软
> 的奶油状。

4 加入化开的黄油

一点点加入❶中化好的黄油，加
入香草油之后搅拌均匀。

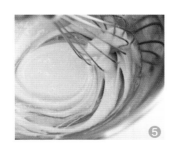

5 完成面团的制作

将容器里各种食材搅拌至出现光
泽为止。

6 将面团放入冰箱冷藏室里进行醒发

将面团放于搅拌时的钢盆里，裹上保鲜膜，放入冰箱冷藏室里，醒发30分钟。

冷藏 | 30分钟

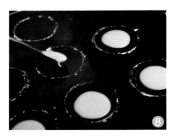

7 在烤盘上弄出印痕来

圆形压制模具粘上压印用的面粉，在涂有薄薄一层色拉油的烤盘上留下印痕。

8 放上面团

将醒发好的面团用小匙1匙1匙舀到印痕的中间位置。

9 用汤匙背将面团摊开

用汤匙背将烤盘上的面团摊开，使其与烤盘上的印痕重合，为使做出的曲奇具有同样的厚度，要慢慢地用画圆的方式将面团摊开。

10 烘烤

将烤盘放入180℃的烤箱里，烤5~7分钟。

烤箱 180℃ | 5~7 分钟

11 用手进行最后的成型操作

将烤好的饼干趁热放在裹着烘焙纸的擀面杖上，使其具有一定的弯度（⑪-1），然后将其卷成圆筒形（⑪-2），这样就完成对饼干的弯折定型了。

此时，趁热进行操作，才能将饼干整理出形状。为避免烫伤，整理的时候一定要带上棉线手套。

小巧、可爱，还有巧克力夹馅的

巧克力夹心薄饼

食材（直径约5cm的40片，制成夹馅后20片份）

考维曲巧克力（甜味） … 40g
磨碎的柠檬皮 ……… ¼个份
除此之外与第52页的瓦片饼干一样（不需要添加香草油）

使用的工具

除冷却架、擦菜板以外，与P52的
瓦片饼干一样

［准备工作］

·将巧克力切碎后隔水加热ⓐ
·除此之外，与第52页的瓦片饼干一样

其制作方法与第52页的瓦片饼干一样，但要用
磨碎的柠檬皮代替香草油加到食材里。烤好
后的饼干要保持原状放于冷却架上冷却，每2
片饼干中间要夹上隔水融化的巧克力酱。

凸显清爽柠檬香味的

玛德琳蛋糕

食材（玛德琳蛋糕模具6~7个份）

无盐黄油	50g	柠檬皮	⅓个份
全蛋液	50g	低筋面粉	50g
细砂糖	50g	泡打粉	⅓小匙
蜂蜜	15g		

水果皮用盐水充分浸泡清洗干净

需要食用柠檬皮和橘子皮的时候，建议您一定要选用不添加防腐剂、没有打蜡的水果。特别是进口水果，如果您担心上面有防腐剂残留，建议您首选有机水果。想要去除水果表面的防腐剂或者蜡，建议将水果充分洗净之后，浸入盐水里，再次清洗，充分洗净之后再使用。

使用的工具

钢盆
打蛋器
擦菜板
面粉筛
橡胶铲
玛德琳蛋糕模具
冷却架
茶漏
竹签

[准备工作]

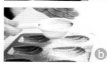

· 低筋面粉与泡打粉混合过筛
· 黄油隔水加热
· 将烤箱预热到180℃
· 在玛德琳蛋糕模具内涂抹薄薄一层黄油ⓐ、将少量低筋面粉用茶漏筛到模具里ⓑ，多余的面粉只需将模具翻转过来即可抖掉

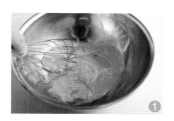

1 将鸡蛋搅开

将鸡蛋打到容器里，用打蛋器搅开。

2 加入细砂糖、蜂蜜

在蛋液里加入细砂糖和蜂蜜后充分搅拌开。

> **要点**
>
> 此时要搅拌至砂糖充分溶开、没有颗粒感为止。

3 加入化开的黄油

如果把黄油一次性加到食材里，大量黄油容易沉到食材下面，因此要一点点加入，搅拌均匀后再加入，直至将全部食材搅拌均匀。

4 加入磨碎的柠檬皮

如果将柠檬皮提前磨好，在食材的搅拌过程中，柠檬香味容易散掉，因此要一边磨碎一边将其加到食材里。

柠檬皮白色的部分，容易带有苦味，因此只需旋转着将柠檬皮黄色部分磨下来即可。

倒入面团的时候要注意，模具边缘不要粘上面团。倒至模具8分满即可。

玛德琳蛋糕的由来

关于玛德琳蛋糕的由来，有各种各样的说法，其中最具代表性的是：相传这种甜点是由18世纪时Valmon家的女厨师Madeleine Pommier最先制作出来的。后来，这种美味的甜点被波兰国王斯坦尼斯劳斯·列辛斯基（Stanislas Leszczyńska）所知，把这种点心送给了他的女儿路易十五世王妃玛丽·莱辛斯卡（Marie Leszczyńska）。之后，在法国科梅尔西（Commercy）一带的甜点店里能买到玛德琳蛋糕的食谱，并开始制作，在巴黎一带大受欢迎。

5 筛入面粉

将筛过的面粉再筛一次后加到容器里。

6 用橡胶铲进行搅拌

加入全部面粉之后，用橡胶铲进行切割式搅拌。

7 将面团放入冰箱冷藏室里进行低温醒发

搅拌至面团看不到干面粉之后，裹上保鲜膜，置于冰箱冷藏室里醒发30分钟左右。

冷藏　30分钟

要点

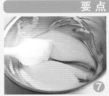

通过低温醒发，面粉充分与水分结合，面团产生弹性，烤制过程中能够膨胀。

8 将搅拌好的面团倒入模具

将面团轻轻搅拌均匀后，倒入玛德琳蛋糕模具里，大约倒至8分满即可。

9 放入烤箱里进行烤制

将整理好的玛德琳蛋糕模具放入烤箱里，用180℃烤制15分钟左右。

烤箱180℃　15分钟

10 将玛德琳蛋糕从模具中取出

将烤好的玛德琳蛋糕从模具中取出，摆放在冷却架上冷却。如果难以脱模，可以用竹签从边缘插入，慢慢将玛德琳蛋糕取出。

食材 (玛德琳蛋糕模具6~7个份)

无盐黄油·················· 50g
全蛋液 ··················· 50g
细砂糖 ··················· 40g
枫糖浆 ··················· 15g
┌低筋面粉 ·············· 35g
│可可粉 ··················· 15g
└泡打粉 ··············· ⅓小匙
考维曲巧克力(甜味) ··· 40g

使用的工具

与第56页玛德琳蛋糕的
一样
(不需要擦菜板)

在面团中加入可可粉, 打造

巧克力玛德琳蛋糕

准备工作
- 将巧克力切碎
- 低筋面粉与泡打粉、可可粉混合
  过筛
  除以上两点外, 其他操作与第56
  页玛德琳蛋糕的一样

制作方法与第56页玛德琳蛋糕的一样。只不过
用枫糖浆代替蜂蜜加到食材里。冷却后的巧克
力玛德琳蛋糕上面用汤匙舀融化的巧克力酱,
画出一些细线。使之看起来更加美观。

可以用绿茶, 也可以用和风食材制作的

抹茶玛德琳蛋糕

食材 (玛德琳蛋糕模具6~7个份)

无盐黄油·················· 50g
全蛋液 ··················· 50g
细砂糖 ··················· 40g
蜂蜜····················· 15g
┌低筋面粉 ·············· 46g
│抹茶粉 ········ 4g (2小匙)
└泡打粉 ··············· ⅓小匙
蜜豆(市售) ··········· 20g

使用的工具

与第56页玛德琳蛋糕的一样 (不需要擦菜板)

准备工作
- 低筋面粉与泡打粉、抹茶粉混合
  过筛
  除此之外, 其他操作与第56页玛
  德琳蛋糕的一样

在制作面团之前, 与第56页玛德琳蛋糕的制作方法
一样。❽先向玛德琳蛋糕模具中放入4~5颗蜜豆,
再倒入8分满的面团, 按照与玛德琳蛋糕一样的方
法烤制。

用褐色黄油与杏仁粉制作味道浓郁的

费南雪

食材（费南雪模具6~7个份）

无盐黄油··················	50g	蜂蜜··························	15g
蛋白··························	60g	⌈低筋面粉··················	25g
细砂糖 ····················	50g	⌊杏仁粉·····················	25g

使用的工具

- 小锅
- 钢盆
- 打蛋器
- 面粉筛
- 橡胶铲
- 费南雪模具
- 冷却架
- 竹签

⌈ 准备工作 ⌉

- 将低筋面粉与杏仁粉混合过筛ⓐ
- 在模具内侧涂抹适量黄油
- 将烤箱预热到190℃

1 制作褐色黄油

将黄油放到小锅里,用中火加热。煮沸后,将火调小,待黄油整体开始变色,锅底沉淀物变成褐色时,将锅从火上移开。将锅底浸入冷水里,使其温度下降,防止锅底余温将黄油烧焦。

2 将蛋白轻轻打发

将蛋白加到容器里,用打蛋器搅拌至蛋白发白。

3 加入细砂糖、蜂蜜

将细砂糖、蜂蜜按顺序加入,搅拌均匀。

4 加入面粉类

将筛过的面团再筛一下,加入容器里,用橡胶铲搅拌至看不到干面粉为止。

5 加入褐色黄油

将褐色黄油一点点加入,每加入一点都要搅拌均匀,搅拌至面团出现光泽即可。

6 将搅拌好的面团倒入模具里

将面团用汤匙倒入费南雪蛋糕模具里,大约倒至模具的8分满即可。

要点
将面团从高处向下倒时,面团呈缎带状落下,是较为理想的搅拌状态。 **6**

7 将模具放入烤箱里烤制,烤好后将蛋糕脱模取出

将模具放入烤箱里,用190℃烤10~12分钟。将烤好的费南雪蛋糕从模具中取出,摆放在冷却架上进行冷却。脱模时,建议您用竹签从边缘取出,这样更简单一些。

烤箱 190℃   10~12 分钟

用黄油、面粉、鸡蛋、砂糖等合计1磅的食材制成的

柠檬酸橙磅蛋糕

食材（7×19×6.5cm的大磅蛋糕模具1个份）

无盐黄油……………… 150g
砂糖 ……………… 150g
食盐…………………… 少许
全蛋液 ……………… 150g
┌ 低筋面粉 ……………… 170g
└ 泡打粉 ……………… 1小匙
柠檬、酸橙皮 …… 各¼个份
柠檬、酸橙汁 … 合计2大匙

柠檬&酸橙蜜饯果皮
　柠檬、酸橙皮 …… 各½个份
　果子露 … （水½杯、细砂糖20g）
　细砂糖（装饰用） … 适量
糖霜
　蛋白 ……………… ½大匙
　糖粉 ……………… 30g
　柠檬汁 ……………… 1小匙

使用的工具

钢盆
面粉筛
橡胶铲
打蛋器
擦菜板
7×19×6.5cm的大磅蛋糕模具
烘焙纸
冷却架
小锅
蛋糕网
小碗
竹签

准备工作

- 将鸡蛋、黄油从冰箱里取出，恢复到室温
- 在模具内涂上薄薄一层黄油，铺上烘焙纸
- 将低筋面粉与泡打粉混合过筛
- 将烤箱预热到200℃

1 将黄油搅拌成奶油状

将黄油放入钢盆里，用橡胶铲搅拌成奶油状。

2 加入砂糖、食盐

将砂糖分2~3次加入，再加入食盐，将黄油搅拌至发白。

3 加入柠檬、酸橙皮

向❷中加入磨碎的柠檬、酸橙皮。

4 加入鸡蛋

将蛋液搅拌均匀，分4~5次加到❸里，每次加入后都要将容器里的各种食材搅拌均匀。此时需要将黄油与鸡蛋液充分搅拌均匀，您也可以选用手持式搅拌机。

此时可以选用手持式搅拌机

要 点

为了使蛋液与黄油充分混合，搅拌蛋液的时候，需要将卵带去掉，用筷子进行切割式搅拌，将蛋液充分搅拌开。这样才能将其与各种食材混合均匀。

5 筛入粉类

将筛过的面粉再筛一次加入容器里，用橡胶铲对食材进行切割式搅拌，将食材翻动搅拌均匀。

6 加入柠檬、酸橙汁

搅拌至面团中还残留一些干面粉时，加入柠檬、酸橙汁。

7 搅拌至食材出现光泽

搅拌至面团中没有干面粉，面团呈现一定光泽之后，就可以结束搅拌了。

8 将面团倒入模具里

将面团倒入模具至7分满，将模具表面摊平。

9 烘烤

将模具放入烤箱里，用200℃的温度烤10分钟左右，然后将温度调低至180℃，烤40分钟。烤好后，用竹签插入蛋糕，如果没有粘连任何食材，就表明烘烤完成。

| 烤箱 200℃ | 10分钟 | → | 烤箱 180℃ | 40分钟 |

要点

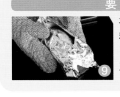

在烘烤过程中，如果蛋糕顶部快要烤焦了，可以用铝箔纸将模具上部盖住，进行适当调整。

10 将烤好的蛋糕从模具中取出

要确保蛋糕中间的裂纹也烤上颜色，然后将蛋糕从模具中取出。取下烘焙纸后，将蛋糕置于冷却架上使其完全冷却。

⑪ 淋上糖霜，放上蜜饯果皮

待蛋糕完全冷却后，将糖霜用汤匙尖淋到蛋糕上面，放上做好的蜜饯果皮即可。

制作柠檬&酸橙蜜饯果皮（果子露煮制）

（需要保存时，不要立即撒上细砂糖，直接放入冰箱冷藏室，大约可以保存10天）

换2~3遍水，去除涩味 ①

将果皮煮好后，撒上细砂糖

②

① 将柠檬、酸橙皮切成扇形，去除果皮上白色的部分。处理好的果皮置于锅中煮2~3分钟。将煮好的果皮放入装满水的小盆里，换几次水，去除果皮的涩味。

② 将果子露所需全部食材加到小锅里，煮沸，加入①中处理好的果皮，煮至锅里几乎没有水分，煮好后，将果皮置于蛋糕网或者冷却架上冷却。待其彻底冷却之后，撒上细砂糖，切成细条。

制作糖霜

这里的糖霜比第23页曲奇饼干里用到的糖霜更稀一些。是一种用汤匙浇到蛋糕上的简单装饰。

①

②

将糖霜浇到蛋糕上之前，不要忘记再次搅拌均匀。

向蛋白里加入糖粉、柠檬汁

糖霜与做菜时会用到的水淀粉一样，使用之前要充分搅拌开。

① 将蛋白倒入小碗里，搅拌开，一点点加入糖粉，将食材搅拌至光滑。

② 查看食材的状态，加入适量柠檬汁，舀起糖霜时，能够像断了线一样流下，则表明搅拌适度。

融入伯爵红茶优雅茶香的
红茶磅蛋糕

食材（7×19×6.5cm的大磅蛋糕模具1个份）

红茶叶（伯爵茶）碾碎后1大匙
牛奶·······················2大匙
鲜奶油（打发）········ 适量

除此之外与第62页柠檬酸橙磅
蛋糕的食材一样
（不需要柠檬、酸橙、蜜饯果
皮、糖霜）

使用的工具

与第62页柠檬酸橙磅蛋糕
一样
（不需要小碗、蛋糕网、小锅、
擦菜板）

[准备工作]

· 如果选用的茶叶叶片较大，
可以将其放入容器里，用小
擀面杖等碾碎
除此之外，与第62页柠檬酸
橙磅蛋糕一样

其制作方法与第62页柠檬酸橙磅蛋糕一
样。第63页中的❸可以直接省略，在❹的后
面加入碾碎的茶叶，❻中加入牛奶，之后按
照同样的方法进行烤制。

食材（11×6×6cm的小型磅蛋糕模具3个份）

无盐黄油······················· 150g
黄糖（或者砂糖）··············· 150g
食盐························· 少许
全蛋液 ······················· 150g
速溶咖啡（粉末）··········· ½~1大匙
朗姆酒（黑朗姆）··············· 1大匙
┌低筋面粉 ·················· 170g
└泡打粉 ······················ 1小匙
牛奶························ 1大匙
杏仁片 ······················ 15g

使用的工具

除小型磅蛋糕模具外，其余与第62页柠檬酸橙磅蛋糕一样（不需要小碗、蛋糕网、小锅、擦菜板）

准备工作 ·将烤箱预热至190℃
与第62页柠檬酸橙磅蛋糕一样

制作方法❶~❹与第62页柠檬酸橙磅蛋糕一样（去掉步骤❸）

❺ 加入速溶咖啡与朗姆酒的混合物。

❻ 将事先筛好的面粉再筛一次加入❺里，用橡胶铲进行切割式搅拌，将各种食材搅拌均匀。

❼ 加入牛奶，搅拌至面团出现光泽即可。

咖啡和朗姆酒打造出的成熟口味

咖啡杏仁迷你磅蛋糕

❽ 将搅拌好的面团倒入蛋糕模具之后，上面撒上些杏仁片，放入烤箱里用190℃烤约10分钟，然后将温度调低至170~180℃，继续烤20分钟。

带有浓烈柚子果皮香味的

柚子果皮迷你磅蛋糕

❻ 加入柚子果皮、朗姆酒、牛奶后，搅拌至面团出现光泽为止。

❼ 将搅拌好的面团倒入模具里，放入190℃的烤箱里烤10分钟左右，然后将温度调低至170~180℃，继续烤20分钟。

食材（11×6×6cm的小型蛋糕模具3个份）

无盐黄油······················· 150g
砂糖 ······················· 150g
食盐························· 少许
全蛋液 ······················· 150g
┌低筋面粉 ·················· 170g
└泡打粉 ······················ 1小匙
柚子果皮····················· 20g
朗姆酒（白朗姆）············· 1大匙
牛奶························· 1大匙
柚子果酱或者酸果酱······· 2大匙

使用的工具

除小型磅蛋糕模具外，其余与第62页柠檬酸橙磅蛋糕一样（不需要小碗、蛋糕网、擦菜板）

准备工作 ·将烤箱预热至190℃
·将柚子果皮切碎

制作方法❶~❺与第62页柠檬酸橙磅蛋糕一样（去掉步骤❸）

❽ 将烤好的蛋糕置于冷却架上进行冷却，待蛋糕彻底冷却之后，用毛刷刷上稍微加热的果酱即可。

"Salé"在法语中是食盐的意思。适合搭配红酒的

维也纳香肠&洋葱咸味蛋糕

食材（7×19×6.5cm的大磅蛋糕模具1个份）

洋葱	160g
胡萝卜	70g
维也纳香肠	50g
橄榄油	1小匙
食盐、胡椒	各少许
全蛋液	110g
砂糖	20g
食盐	½小匙
橄榄油	40g
原味酸奶	60g
⌈低筋面粉	140g
⌊泡打粉	2小匙
帕尔玛奶酪	2小匙

使用的工具

平底锅
方平底盘
木铲
其他工具与第
62页的作品一
样（不需要擦
菜板、小锅、蛋
糕网、小碗）

准备工作
- 将酸奶恢复到室温
- 将低筋面粉与泡打粉混合过筛
- 在模具内涂抹薄薄一层橄榄油，铺上烘焙纸
- 将烤箱预热至200℃

① 将洋葱切成薄片，胡萝卜切成1cm小块，维也纳香肠切成1cm的薄片。

② 向平底锅里加入1小匙橄榄油，待油热之后，放入①中切好的洋葱炒至浅茶色，撒上食盐、胡椒粉，置于方平底盘中冷却。

③ 将鸡蛋打到钢盆里，用打蛋器搅拌开，加入砂糖、食盐后搅拌均匀。

④ 加入橄榄油、酸奶。

⑤ 将筛过的面粉再筛一下，加到容器里，用橡胶铲翻动搅拌均匀。

⑥ 搅拌至容器里仍存留一些干面粉时，加入②中炒好的洋葱，进行切割式搅拌，搅拌至面团出现光泽时，即可停止。

⑦ 将搅拌好的面团倒入模具里，撒上帕尔玛奶酪。

⑧ 将蛋糕模具放入烤箱里，用200℃的温度烤约15分钟，然后将温度调低至170~180℃，继续烤25~30分钟。

⑨ 用竹签插入蛋糕，如果没有粘连任何食材，则表明烤制完成。将烤好的蛋糕从模具中取出，置于冷却架上冷却。

适合平常享用的人气甜点 **No.3**

热后食用更加美味的
奶酪蔬菜咸味蛋糕

食材（11×6×6cm的小型磅蛋糕模具3个份）

洋葱	100g
红辣椒	½个
西兰花	⅓株
橄榄油	1小匙
食盐、胡椒	少许
全蛋液	110g
砂糖	20g
食盐	½小匙
橄榄油	40g
原味酸奶	60g
低筋面粉	140g
泡打粉	1⅔小匙
蓝纹奶酪	60g

（也可以选用任意您喜爱的奶酪）

粗磨黑胡椒粉 …… 少许

使用的工具

小型磅蛋糕模具
除此之外与第68页一样

⑦

准备工作 与第68页一样

① 将洋葱切成薄片，红辣椒切成1cm小块，西兰花掰成小瓣后统一切成约2cm大小。

② 将1小匙橄榄油加到平底锅里，待油热之后，将洋葱炒至透明状，加入红辣椒、西兰花，煸炒均匀。加入食盐、胡椒粉之后，将各种蔬菜盛到方平底盘里冷却备用。

③～⑤与第68页一样

⑥ 搅拌至容器里仍存留一些干面粉时，加入②中炒好的蔬菜以及一半切成1cm小块的奶酪，然后对容器内食材进行切割式搅拌。搅拌至面团出现光泽时，即可停止。

⑦ 将搅拌好的面团倒入模具里，撒上剩余奶酪，撒上胡椒粉。

⑧ 将模具放入烤箱里，用190℃烤约10分钟，然后将温度调低至170~180℃，继续烤20~25分钟。

⑨ 用竹签插入蛋糕，如果没有粘连任何食材，则表明烤制完成。将烤好的蛋糕从模具中取出，置于冷却架上冷却。

食材 (直径7cm的玛芬蛋糕模具6个份)

无盐黄油·················· 70g
砂糖 ··················· 50g
蜂蜜·················· 15g
全蛋液 ················ 50g
香草油·············· 2~3滴
低筋面粉 ············ 110g
泡打粉 ·············1小匙
牛奶···················2大匙

使用的工具

直径7cm的玛芬蛋糕模具
玛芬蛋糕用纸杯
钢盆
橡胶铲
打蛋器
面粉筛

准备工作

·将黄油恢复至室温
·将低筋面粉与泡打粉混合过筛
·把蛋液搅开
·将玛芬蛋糕用纸杯放入模具里
·将烤箱预热至180℃

源自美国的纸杯蛋糕
原味玛芬蛋糕

蛋液一次性加入较难搅拌均匀,建议您分2次加入。

1 向打成奶油状的黄油里加入砂糖、蜂蜜

将黄油加入钢盆里,用橡胶铲搅拌至奶油状后,加入砂糖、蜂蜜,换成打蛋器,搅拌至黄油变白。

2 加入蛋液

将蛋液分2次加入,充分搅拌均匀后,加入香草油。

加入牛奶之后，将面团向上翻动，搅拌均匀。

将搅拌好的面团倒入模具时，可以用2个汤匙将面团整理好之后，放入模具中间部位。

3 加入面粉

将筛好的面粉再筛一次加入容器里，用橡胶铲进行切割式搅拌，将食材搅拌均匀。

4 加入牛奶

面粉搅拌至一半时，加入牛奶，将各种食材搅拌均匀，至面团出现光泽即可。

5 面团放入模具里，置于烤箱里烤制

将搅拌好的面团用汤匙整理好，放入模具，置于烤箱里用180℃烤约20分钟。

 烤箱 180℃ 20分钟

在原味面团的基础上添加清爽酸味，打造别样口感

柠檬奶酪玛芬蛋糕

食材（直径7cm的玛芬蛋糕模具6个份）

无盐黄油………… 70g
细砂糖 ………… 65g
全蛋液 ………… 50g
柠檬皮 ……… ⅓个份
┌低筋面粉 ……… 110g
└泡打粉 ………1小匙
牛奶…………………3大匙
奶油奶酪………… 30g
横切柠檬片 ………3片
细砂糖 ………2小匙

使用的工具

擦菜板
除此之外与第70页的玛芬蛋糕一样

准备工作

与第70页的玛芬蛋糕一样

① 将奶油奶酪切成1cm小块，柠檬横向切成薄片。

② 将黄油放入钢盆里，用橡胶铲搅拌成奶油状，换成打蛋器搅拌一会儿后，加入65g细砂糖，搅拌至黄油发白。

③ 将搅拌好的蛋液分2次加入②中，充分搅拌均匀。将柠檬皮磨碎加入。

④ 按照第70页的玛芬蛋糕的操作步骤③、④，依次加入筛好的面粉和牛奶，制作蛋糕面团。

⑤ 将搅拌好的面团用汤匙放入模具里，上面放上①中切好的奶酪和柠檬片，撒上细砂糖，将模具放入180℃的烤箱里烤约20分钟。

在原味面团的基础上，添加香甜香蕉，造就富有湿润口感的

香蕉玛芬蛋糕

食材（直径7cm的玛芬蛋糕模具6个份）

无盐黄油	70g	柠檬汁	1小匙
砂糖	50g	⌈低筋面粉	70g
全蛋液	50g	⌊全麦粉	40g
香蕉	100g	泡打粉	1小匙

使用的工具

直径7cm的玛芬蛋糕模具
玛芬蛋糕用纸杯
钢盆
橡胶铲
打蛋器
面粉筛

准备工作

・将黄油、鸡蛋恢复至室温
・将低筋面粉、全麦粉、泡打粉混合过筛
・把玛芬蛋糕用纸杯放入蛋糕模具中
・将烤箱预热至180℃

1 对香蕉进行处理

首先切下6片1cm的香蕉薄片，剩余部分用叉子背压碎后，加到挤好的柠檬汁里，稍微搅拌开。

2 将砂糖加到搅拌成奶油状的黄油里，搅拌均匀

将黄油加到钢盆里，用橡胶铲搅拌成奶油状，换打蛋器稍微搅拌之后，加入砂糖，搅拌至黄油发白。

3 加入蛋液

将搅拌好的蛋液分2次加到容器里，与其他食材充分搅拌均匀。

4 加入香蕉泥

加入❶中弄碎的香蕉泥，搅拌均匀。

5 加入粉类

将筛好的面粉再次筛一下加入容器里，用橡胶铲进行切割式搅拌。由于香蕉里水分较少，如果发现面团过硬，可以查看面团状态，1小匙1小匙加入牛奶。

6 搅拌好的面团放入模具里，放上切片的香蕉

用汤匙将面团移到模具里，每个模具上面放上❶中切成薄片的香蕉。

7 放入烤箱里烘烤

将整理好的蛋糕模具放入烤箱里，用180℃烤20分钟左右。

烤箱180℃　20分钟

一款名为"茶色甜点"的美式咖啡蛋糕

布朗尼蛋糕

食材（16×20cm的方平底盘1个份）

无盐黄油··················	150g
砂糖 ··················	140g
全蛋液 ··················	100g
核桃仁··················	60g
杏仁片··················	30g
蔓越橘（干）··········	40g

┌低筋面粉 ··············	140g
│泡打粉 ··············	1小匙
└可可粉 ··············	50g
牛奶··················	50ml
朗姆酒··················	1大匙

使用的工具

钢盆
橡胶铲
打蛋器
面粉筛
烘焙纸
方平底盘（16×20cm）
竹签
冷却架

准备工作

· 将黄油、鸡蛋恢复到室温
· 将低筋面粉、泡打粉、可可粉混合过筛ⓐ
· 将核桃仁置于150℃的烤箱里烤制10~12分钟，待其稍微冷却之后，稍微切碎备用ⓑ
· 在方平底盘里铺上烘焙纸
· 将烤箱预热到180℃

1 向搅拌成奶油状的黄油里加入砂糖，搅拌均匀

将黄油放入钢盆里，用橡胶铲搅拌成奶油状，换打蛋器搅拌几下后，分2次加入砂糖，搅拌至黄油发白。

2 加入蛋液

将搅拌开的蛋液分3~4次加入，充分搅拌均匀。

3 加入粉类

将筛过的面粉再筛一次加入，用橡胶铲进行切割式搅拌。

4 加入牛奶

面粉搅拌至一半时，加入牛奶，继续搅拌。

倒入牛奶时用橡胶铲引流，能够使牛奶均匀分布在食材里。

5 加入坚果类和蔓越橘干

在容器中仍有干面粉的地方加入一半核桃仁、杏仁片和蔓越橘干，加入朗姆酒后，轻轻搅拌均匀。

6 将搅拌好的面团移到方平底盘里，摊平

将搅拌好的面团移到方平底盘里，撒上剩余的核桃仁、蔓越橘干和杏仁片。

要点

将面团倒入模具时，要注意模具四角也要均匀摊平。

7 将模具放入烤箱里烤制、烤好后冷却

将蛋糕模具放入烤箱里，用180℃的温度烤20~25分钟。用竹签插入蛋糕，如果没有粘连任何食材，则表明烤制完成。将烤好的蛋糕从模具中取出，置于冷却架上冷却。

烤箱 180℃　20~25 分钟

苏格兰地方传统甜点。食用时用手横向掰开是一直流传下来的习惯

司康饼

食材（直径5cm的圆形压制模具8个份）

┌ 低筋面粉 ················· 220g
└ 泡打粉 ·················2小匙
无盐黄油················ 70g
砂糖 ················· 30g
食盐··············· 1/5小匙

┌ 牛奶 ················· 70ml
└ 全蛋液 ················· 50g
高筋面粉（干粉） ····· 适量
奶油奶酪················ 适量
草莓果酱················ 适量

使用的工具

面粉筛
钢盆
刮板
擀面杖
砧板
圆形压制模具
烘焙纸
毛刷
冷却架

|准备工作|

· 将蛋液搅开，加入牛奶后，放入冰箱冷藏室冷却
· 将低筋面粉与泡打粉混合过筛放入冰箱冷藏室冷却备用 ⓐ
· 将烤箱预热至190℃

1 将黄油切碎后冷却

将黄油切成小块，裹上保鲜膜，置于冰箱冷藏室里冷却。

2 将黄油与面粉类、砂糖、食盐混合到一起

将筛好的面粉、砂糖和食盐倒入钢盆里，搅拌均匀后，加入①中冷却好的黄油，黄油上撒些干面粉后，用刮板进行切割式搅拌。

搅拌过程中，待黄油变成1cm以下大小时，可以用指尖将黄油颗粒捻小。搅拌过程中，如果黄油化开，可以将食材放回冰箱里再次冷却。

3 加入牛奶和蛋液

搅拌至黄油呈米粒大小后，在食材中间弄出一个小坑，加入混合后的牛奶和蛋液，加的时候注意，要留出1大匙。从中间轻轻将容器里各种食材混合到一起，整理成一个面团。

4 将面团切开，重叠在一起

将整理好的面团用刮板切开，重叠在一起，轻轻按压，再切开重叠在一起，重复以上动作4~5次。通过这一操作能够将面团整理出酥脆的口感。

5 将面团团裹上保鲜膜进行醒发

搅拌至面团里没有干面粉后，裹上保鲜膜，置于冰箱冷藏室里醒发1小时左右。

冷藏 1小时

6 将面团擀薄，用模具进行压制

在砧板和擀面杖上撒适量干面粉，用擀面杖将面团擀成1.5cm厚，用模具压制好之后，抖掉多余面粉。

7 用烤箱进行烤制

将整理好的面团摆放在铺了烘焙纸的烤盘上，用毛刷涂抹上剩余的牛奶蛋液，放入烤箱里，用190℃的温度烤约20分钟。烤好后，将司康取出，置于冷却架上进行冷却。

烤箱 190℃   20分钟

用蛋白霜和植物油打造丝绸般的轻盈口感

香橙戚风蛋糕

食材（直径17cm的戚风蛋糕模具1个份）

┌ 蛋黄 ·················60~70g
└ 细砂糖 ·················30g
橙 ··············1个
（取果汁、果皮用）
色拉油···············3大匙

┌ 低筋面粉 ············· 60g
└ 泡打粉 ·················1小匙
┌ 蛋白 ··············120~130g
└ 细砂糖 ·················30g
糖粉（装饰用）·······适量

使用的工具

钢盆
打蛋器
手持式搅拌机
擦菜板
面粉筛
橡胶铲
直径17cm的戚风蛋糕模具
竹签
抹刀

选用手持式搅拌机进行搅拌

由于戚风蛋糕是将分别搅拌好的蛋黄面团与蛋白霜面团混合到一起制成的，因此制作蛋白霜时，需要用手持式搅拌机进行搅拌。充分打发的蛋白霜，才能营造出轻盈细腻的口感。

· 待鸡蛋恢复到室温后,将蛋白与蛋黄分开
· 将½个橙子皮磨碎备用
· 准备好50m鲜榨橙汁
· 将低筋面粉与泡打粉混合过筛
· 将烤箱预热至180℃

1 将蛋黄、细砂糖混合搅拌

将蛋黄倒入钢盆里,搅拌开,加入30g细砂糖后,用打蛋器充分搅拌均匀。

轻轻搅拌至蛋黄发白。

2 加入橙汁、橙皮

加入橙汁和磨碎的橙皮。

3 加入色拉油

一点点加入色拉油,按照一定的速度将各种食材搅拌均匀。

4 筛入面粉

将筛好的面粉再次筛一下,加入容器里,搅拌至看不到干面粉为止。

搅拌至面团中没有干面粉,面团呈粘稠状。

5 用手持式搅拌机制作蛋白霜

将蛋白加到另一个钢盆里,先用低速搅拌。将30g细砂糖分3次加入,换用高速挡搅拌,搅拌至蛋白霜出现棱角,最后用低速挡调整气泡的细腻程度。

6 向面团中加入约一半搅拌好的蛋白霜

首先向❹中加入约1/5的蛋白霜,用打蛋器搅拌均匀后,加入一半剩余的蛋白霜,将面团挑起,翻动着搅拌均匀。

7 将面团加入剩余的蛋白霜里

将❻中搅拌好的面团加入装有剩余蛋白霜的容器里,用橡胶铲切拌,直至将食材搅拌均匀。

要点

为了在搅拌过程中,不将蛋白霜里的气泡弄碎,要从容器底部将面团向上翻动,搅拌均匀。

8 将搅拌好的面团倒入模具里

将面团表面摊平。不要对面团进行过度搅拌。

将竹签插到容器底部,慢慢转动3~4周,这样混在面团里较大的气泡就会变小、破裂。

9 用烤箱进行烤制,将烤好的蛋糕完全冷却

将整理好的蛋糕模具放入烤箱里,用180℃烤20分钟,将温度调低至170℃后,继续烤20分钟。用竹签插入蛋糕,如果没有粘连任何食材,则表明烤制完成。烤完后将蛋糕模具倒扣进行冷却。

烤箱 180℃ 20分钟
↓
烤箱 170℃ 20分钟

10 脱模

将长抹刀插入蛋糕模具周围,先将蛋糕四周与模具分开,将外侧模具去掉之后,再将内侧环形部分与底部分离开。

抹茶和豆奶打造的和式口味

抹茶豆奶戚风蛋糕

食材（直径17cm的戚风蛋糕模具1个份）

蛋黄 ··············60~70g	蛋白 ··············120~130g
细砂糖 ·············· 30g	细砂糖 ·············· 30g
豆奶（无添加型）······ 50ml	原味酸奶（装饰）······ 适量
色拉油 ·············3大匙	抹茶粉（装饰）······ 适量
低筋面粉 ············· 60g	
泡打粉 ·············1小匙	
抹茶粉 ·············2小匙	

使用的工具

与第78页的香橙戚风蛋糕一样
（不需要擦菜板）

准备工作

·与第78页的香橙戚风蛋糕一样
（不需要橙子）

如果面团中间有洞······

将搅拌好的面团倒入模具之后，如果不用竹签将面团中的大气泡排出（参照第80页的步骤⑧），烤好的蛋糕里会有大洞，这会影响蛋糕最终的造型。

其具体制作方法与第78页的香橙戚风蛋糕一样，只不过是将低筋面粉、泡打粉与抹茶粉混合过筛后制作。此外，豆奶要在色拉油之前加入。

用全蛋法制作的海绵蛋糕

草莓海绵蛋糕

食材（直径18cm的圆形模具1个份）

海绵蛋糕面团

全蛋液 ……………………	160g
砂糖 ……………………	90g
低筋面粉 ……………………	90g
┌无盐黄油 …………	20g
└牛奶 ……………………	30ml

果子露

┌砂糖 ……………………	20g
│水 ……………………	50ml
└樱桃白兰地 …………	1大匙

装饰

鲜奶油 ……………	300ml
砂糖 ……………………	20~25g
草莓 ……………	12~14颗
开心果 ……………	适量

使用的工具

直径18cm的圆形模具
钢盆
小锅
打蛋器
手持式搅拌机
面粉筛
橡胶铲
竹签
冷却架
烘焙纸
抹刀
毛刷
裱花袋
直径10mm的圆形裱花嘴
蛋糕刀

| 准备工作 |

- 将低筋面粉过筛备用 **ⓐ**
- 把烘焙纸铺在模具中
- 将烤箱预热至180℃

制作海绵蛋糕面团

1 将鸡蛋、砂糖隔水加热，并进行充分打发

将鸡蛋、砂糖加入钢盆里，用打蛋器搅拌开，将容器置于50℃左右的热水里隔水加热，加热过程中继续打发食材。搅拌至砂糖化开，食材开始变热后，把锅从热水里移开，换用手持式搅拌机继续打发食材。

面团搅拌至光滑，用搅拌机挑起时，能够快速流下并能留下痕迹。

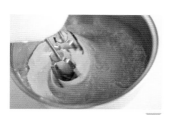

2 隔水加热黄油、牛奶

用之前的热水，把黄油和牛奶隔水加热。

3 将面粉分两次加入

将筛过的面粉分2次筛入①中容器里，用橡胶铲从容器底部将面团挑起，搅拌均匀。将8成面粉搅拌均匀后，加入剩余面粉，按照之前的方法继续搅拌。

4 将②中搅拌好的食材加入③中

向③中加入②中加热后的食材，用橡胶铲从容器底部向上翻动，将各种食材搅拌均匀，搅拌至面团出现光泽即可。

搅拌至表面出现光泽，用橡胶铲挑起后，面糊缓缓掉落，此时是放入模具的最佳时机。

制作要点

不要直接将黄油和牛奶加入容器里，要用橡胶铲引流，将其均匀地洒到容器中，由于黄油比较容易沉底，因此搅拌时，要从底部将各种食材向上翻动，充分搅拌均匀。

5 将面团倒入模具里

将搅拌好的面团倒入模具里，表面轻轻摊平。

6 烘烤

将模具放入烤箱里，用180℃烤10~15分钟，将温度调低至170℃，继续烤20~25分钟。用竹签插入蛋糕，如果没有粘连任何食材，则表明烤制完成。如果发现没烤好，可以一边查看状态，一边继续烤3~4分钟。

| 烤箱 180℃ | 10~15 分钟 | → | 烤箱 170℃ | 20~25 分钟 |

7 冷却

将蛋糕从模具中取出，揭下烘焙纸，倒过来冷却一会儿，再翻过来继续冷却即可。

如果您不立即食用，可以待蛋糕冷却之后，裹上保鲜膜，防止蛋糕变干。

装饰

1 制作果子露、准备草莓

将水和砂糖加到小锅里，煮至融化，冷却后，加入樱桃白兰地，制作果子露。草莓洗净、去蒂，擦干水分后，留出8颗做装饰用，其余切3mm厚的薄片。

2 打发鲜奶油

将鲜奶油和砂糖加入碗里，碗底浸入冰水里，打至7分发。

3 切海绵蛋糕

将冷却的海绵蛋糕用蛋糕刀从中间横向切开。

首先将蛋糕刀固定在想要开始切开的地方，转动蛋糕边缘，留下切痕，然后按照切痕用刀将其慢慢切开即可，采用这种方法进行切割，能够提高切割成功率。

4 将果子露涂抹在海绵蛋糕上

将❶中做好的果子露用毛刷均匀地刷在切开的2片海绵蛋糕上。

⑤

两层蛋糕中间夹上
鲜奶油和切好的草莓

在用作下层的海绵蛋糕上涂抹约½❷中打发好的鲜奶油，用抹刀摊平后，在中间位置呈放射状摆放切好的草莓。草莓上面再涂抹一层鲜奶油，用抹刀摊平。

⑥

将蛋糕周围
都抹上适量鲜奶油

在❺的上面摆上涂抹了果子露的海绵蛋糕，将剩余鲜奶油的½（剩余的½用于2次涂抹以及裱花）涂抹在蛋糕上面、侧面，用抹刀将奶油抹匀。将蛋糕放入冰箱冷藏室2~3小时。

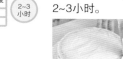

 冷藏 2~3 小时

打底的奶油一般能够将蛋糕表面盖上，能够摊平即可。

⑦

2次涂抹奶油

留出裱花用奶油后，将剩余奶油全部涂抹在蛋糕上，将蛋糕表面的奶油摊平。

⑧

装饰

将留出的奶油倒入裱花袋里，慢慢挤出，做出装饰的花样，最后装饰上草莓和开心果即可。

海绵蛋糕面团的食材、使用的工具、准备工作、制作方法等都与第82页的草莓海绵蛋糕一样。

巧克力风味变化样式

奶油巧克力蛋糕

食材（直径18cm的圆形模具1个份）

┌ 砂糖 ················· 20g
│ 水 ·················· 50ml
└ 樱桃白兰地 ········· 1大匙
考维曲巧克力（苦味） 80g
鲜奶油 ·············· 300ml
草莓 ················· 12~14颗
开心果 ·············· 适量

准备工作
·将巧克力切碎
·将8颗草莓去蒂后中间切开
·开心果切碎备用

❶ 将砂糖和水放入锅里，煮化，待其冷却后，加入樱桃白兰地，制作果子露。

❷ 将切好的巧克力隔水加热化开，加入100ml热至人体温度的鲜奶油。

❸ 取另一个钢盆，加入200ml鲜奶油打至7分发，加入❷中食材，盆底置于冰水中搅拌，制作巧克力奶油。

❹ 在海绵蛋糕切面上用毛刷涂抹❶中做好的果子露，涂抹⅓的❸中做好的巧克力奶油，摆上切成3mm厚的草莓，涂上奶油。

❺ 将❸中剩余奶油的½涂抹在蛋糕上面和侧面，然后将蛋糕置于冰箱冷藏室里放置2~3小时。

❻ 用❺中剩余奶油进行装饰。摆上从中间切开的草莓，撒上切碎的开心果以及巧克力碎（分量外）。

用烤盘烤出带有可可味道的薄蛋糕

迷你巧克力蛋糕卷

食材（边长33cm方形烤盘1个份、16cm长迷你蛋糕卷4个份）

可可海绵蛋糕面团

全蛋液 ·················	160g
砂糖 ··················	90g
┌ 低筋面粉 ··············	85g
└ 可可粉 ···············	6g
┌ 无盐黄油 ··············	20g
└ 牛奶 ·················	30ml

巧克力奶油

鲜奶油 ·············	150ml
考维曲巧克力（甜味）	60g
可可粉 ·············	适量

使用的工具

边长33cm方形烤盘
钢盆
刮板
喷雾瓶
烘焙纸
抹刀
打蛋器
手持式搅拌机
面粉筛
小锅
冷却架
橡胶铲
茶漏

准备工作

· 将鸡蛋恢复到室温
· 低筋面粉、可可粉混合过筛
· 巧克力切碎备用
· 将鲜奶油在使用前30分钟从冰箱里取出
· 在烤盘上涂抹薄薄一层色拉油，铺上烘焙纸
· 将烤箱预热到200℃

※面团的制作方法与第82页的草莓海绵蛋糕一样，但这里是将低筋面粉与可可粉混合到一起后使用。

制作面团

（参照第82页的草莓海绵蛋糕操作步骤❶～❹制作蛋糕面团）

1 将面团倒入烤盘里

将搅拌好的面团倒入烤盘的中间位置，用刮板沿着对角线将面团向四周摊开。然后与四边平行，将面团表面摊开。

2 用喷雾瓶在面团表面喷上适量水再进行烤制

为防止蛋糕表面变干，请在❶中烤盘表面喷上适量水分。将整理好的烤盘置于烤箱里，200℃烤约10分钟。烤好后，将烤盘取出，翻转，揭去蛋糕底部的烘焙纸，使蒸汽散发出来，然后将纸盖上，恢复原样，使蛋糕彻底冷却。

烤箱 200℃ | 10分钟

制作巧克力奶油

1 将巧克力化开

隔水加热巧克力，将其化开。

2 加入鲜奶油

向❶中一点点加入热至人体温度的鲜奶油，用打蛋器充分搅拌均匀。搅拌至巧克力和鲜奶油充分融合之后，将容器底部浸入冰水中，打发奶油。

> 如果将凉的鲜奶油加到巧克力里，巧克力会很快凝固，容易出现小颗粒，请尽量避免。

完 成

蛋糕的卷制方法请参照第34页圣诞树根蛋糕的卷制方法。

1 切开蛋糕，涂抹奶油

揭下蛋糕上的烘焙纸，将蛋糕4等分，用抹刀涂抹巧克力奶油，将奶油抹平。

2 将蛋糕卷起来，整理好形状

将❶中抹上奶油的蛋糕置于烘焙纸上，用刀子划出2~3道划痕（参照第34页步骤❸），将蛋糕慢慢卷上去。卷好后，将蛋糕卷的末端向下，用保鲜膜包裹起来，整理好形状。取下烘焙纸，将蛋糕切成6等分，用茶漏撒上适量可可粉即可。

在法语中"chou"是"圆白菜"的意思

泡芙

食材 (约15个份)

卡仕达酱

A ┌ 牛奶 ················· 350ml
  │ 砂糖 ·················· 50g
  └ 香草荚 ················ ½根

B ┌ 蛋黄 ·················· 60g
  └ 砂糖 ·················· 50g

低筋面粉 ················ 30g

无盐黄油 ················· 8g

朗姆酒 ·············· 2小匙

泡芙外皮

C ┌ 牛奶 ·················· 60ml
  │ 水 ··················· 60ml
  │ 无盐黄油 ············· 60g
  │ 砂糖 ················· ½小匙
  └ 食盐 ················ 2小把

低筋面粉 ················ 70g

全蛋液 ············160~180g

使用的工具

卡仕达酱
- 锅
- 钢盆
- 打蛋器
- 面粉筛
- 木铲
- 方平底盘
- 橡胶铲

泡芙外皮
- 锅
- 橡胶铲
- 裱花袋
- 直径10mm的圆形裱花嘴
- 喷雾器
- 冷却架
- 茶漏
- 钢盆

准备工作	泡芙外皮	卡仕达酱

准备工作

泡芙外皮
- 将低筋面粉和砂糖过筛备用
- 将黄油切成薄片，恢复至室温
- 将鸡蛋恢复到室温后，搅开备用
- 在烤盘内涂抹薄薄一层色拉油，铺上一层铝箔纸后，再涂抹一层色拉油 ⓐ
- 将烤箱预热至190℃

卡仕达酱
- 将低筋面粉过筛备用
- 将香草荚纵向对剖开

一边加热，一边用木铲铲动锅底、锅边的食材。

制作卡仕达酱

1 将A中食材倒入锅里热好

轻轻搅拌锅中食材，在食材沸腾之前，拿出剖开的香草荚，用汤匙将香草籽刮到锅里。

2 搅拌B

将B中食材加入钢盆，用打蛋器搅拌至食材发白。

制作要点

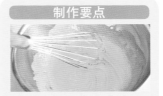

将食材搅拌至发白，混入较多的空气，使其与①混合时不会对蛋黄传递过多热量。

3 加入低筋面粉

4 加入热好的牛奶

搅拌至容器中没有干面粉后，一点点加入①中食材，并对容器中食材进行充分搅拌。

5 将食材倒入锅里，加热

将各种搅拌好的食材倒入锅里，边用文火~中火加热，边用橡胶铲将各处食材搅拌均匀。

6 将各处食材充分搅拌均匀

加热至锅中食材开始结块时,加大搅拌力度,将各处食材充分搅拌均匀。待从锅底冒出气泡,食材中能够留下搅拌后的痕迹,奶油出现光泽时,放慢搅拌速度,将奶油搅拌光滑即完成。

7 加入黄油

将锅从火上移开,加入黄油后搅拌均匀。

8 将做好的卡仕达酱放入冰箱冷藏室进行冷却

将做好的卡仕达酱倒入方平底盘里,摊平后,裹上保鲜膜,冷却。待其稍微冷却之后,置于冰箱冷藏室即可。

裹上密实的保鲜膜是为了防止卡仕达酱变干。

制作泡芙外皮

1 将C置于火上加热

将C中全部食材倒入锅里,用文火~中火进行加热。

2 加入低筋面粉

加热至锅边出现白色泡沫的时候,关火,加入低筋面粉。

3 搅拌均匀

用木铲充分搅拌锅中食材,直至看不到面粉颗粒为止。

4 将食材放到火上加热,将其搅拌均匀

将面团整理成一个鸡蛋状之后,继续加热,将面团充分搅拌均匀。

5 关火,将食材移到钢盆里

从上面对食材进行按压式搅拌,待锅底出现一层薄膜之后,关火,将锅从火上移开。

6 加入鸡蛋

将盆置于湿抹布上,一点点加入搅拌开的蛋液。

将蛋液分5次加入容器里,每加入一次都要进行充分搅拌。如果面团冷却,鸡蛋就很难搅拌开,因此搅拌的时候一定要快速。

7 将面团装入裱花袋里

将裱花嘴固定在裱花袋前端,装入搅拌好的面团。

将面团慢慢用铲子挑起来,如果面团能够呈较为光滑的倒三角形慢慢掉落就是理想状态。如果面团过稀,滴啦滴啦往下掉,烤制出的面团也会较为扁平。如果面团过硬,膨胀性会较差,制作出的泡芙皮也较小。

8 将面团挤到烤盘上

向铺有铝箔纸的烤盘上,挤出直径约4cm的圆形面团。

在烤盘与裱花嘴中间留出约1cm间隙,保持裱花嘴位置不动,一口气慢慢压出面团,就能做出较为饱满的圆形泡芙。

9

将面团尖端压平，
喷上喷雾

用蘸水的指尖将面团的尖端轻
轻按压弄平，然后喷雾。

将烤盘放入烤箱里，
用190~200℃烤20分钟。

在面团表面喷雾，烤
制出来的泡芙表面清
爽。

10

用190~200℃的
温度烘烤

烤箱 20分钟
190~200℃

制作要点

烤制过程中，一定不要打开
烤箱门。如果中途将烤箱
门打开，已经膨胀的面团会
再度变瘪（图中右侧为正常
情况下烤制出的外皮，左侧
为中途打开烤箱门后烤出的
面皮）。

烤塌了也不怕，
将计就计。

按1∶1的比例混
合搅拌黄油与砂
糖，涂至未膨胀
的泡芙皮外层，
放入烤箱以
140~150℃烤20
分钟左右即可。

11

将烤箱温度降
至170~180℃

烤箱 10~15
分钟
170~180℃

将烤箱温度调低至170~180℃
后，继续烤10~15分钟。

12

冷却

将烤好的泡芙置于冷却架上进
行冷却。

泡芙整体呈现较为美观的烤制
颜色，裂口里也有颜色，则表
明烤制完成。如果裂口里的颜
色较淡，说明面团中间部位还
没有完全变干，需要继续加热
一段时间。

完 成

1

将卡仕达酱
搅拌均匀

将锅里的卡仕达酱移到钢盆里
冷却，用橡胶铲搅拌，搅拌过程
中可以加入适量朗姆酒。

2

将卡仕达酱
挤到泡芙皮里

将泡芙皮上面⅓的位置切开，挤
入卡仕达酱，用茶漏撒上些糖
粉即可。

※鲜奶油泡芙（第88页装饰有草莓的泡芙）外皮的制作方法与普通泡芙一样，
添加一半卡仕达酱之后，将100ml鲜奶油与15g砂糖一起打发，挤到卡仕达酱上
面，放上草莓装饰即可。

2种变化样式
棒状泡芙

食材（8cm长的约15根份）

考维曲巧克力（装饰用）············ 150g
除此之外与第88页的泡芙一样

使用的工具

隔水加热用的锅以及钢盆
除此之外与第88页的泡芙一样

准备工作 与第88页的泡芙一样

① 将卡仕达酱与泡芙外皮按照第88页泡芙的制作方法做好，将面团在案板上挤出8cm长的棒状面团。

② 将冷却后的外皮从侧面横向剖开，夹入卡仕达酱。

③ 将切碎后隔水加热化开的巧克力用汤匙浇到棒状泡芙上面。

白巧克力小泡芙

食材（40个份）

考维曲巧克力（白）·················· 40g
任意您喜爱的坚果、干果、香草类 ··· 适量
除此之外与第88页的泡芙一样

使用的工具

隔水加热用的锅和钢盆
除此之外与第88页的泡芙一样
（裱花嘴选择较细的）

准备工作 与第88页的泡芙一样

① 将卡仕达酱和泡芙外皮按照第88页泡芙的制作方法做好，将搅拌好的面团用直径2cm的裱花嘴挤到烤盘上。

② 在冷却后的外皮底部用筷子等工具弄出一个直径5mm左右的小洞，将卡仕达酱装到带有细口裱花嘴的裱花袋里，通过小洞慢慢挤到泡芙里。

③ 将白巧克力切碎后，隔水加热，浇到②中做好的泡芙上面顶部的位置。大约浇三次，使巧克力具有一定的厚度，最后装饰上坚果、水果干和香草即可。

适合生日·节日的人气甜点 **No.2**　适合特别日子的人气甜点 **No.2**

混合浆果塔

食材 (直径15cm的塔模具1个份)

塔面团

无盐黄油……………	60g
糖粉 …………………	30g
食盐……………………	少许
蛋黄…………………	10g
低筋面粉……………	90g
高筋面粉 (干粉) …	适量

杏仁奶油

无盐黄油……………	30g
糖粉 …………………	30g
全蛋液 ………………	30g
杏仁粉 ………………	50g

卡什达酱

	牛奶 ……………	250ml
A	砂糖 ……………	35g
	香草荚 …………	¼根
B	蛋黄 ……………	40g
	砂糖 ……………	35g
低筋面粉 ……………		20g
无盐黄油 ……………		5g
覆盆子 ………………		30~35粒
蓝莓 …………………		10~12粒
黑莓 …………………		3~4粒
糖粉 …………………		适量

使用的工具

钢盆
橡胶铲、木铲
打蛋器
砧板
擀面杖
面粉筛
茶漏
直径15cm的派模具
裱花袋
直径10mm的圆形裱花嘴
冷却架
锅
方平底盘

[准备工作]

·低筋面粉过筛
·将黄油、鸡蛋恢复到室温
·在模具内涂抹薄薄一层黄油，撒上少许低筋面粉，
　并抖掉多余面粉 ⓐ

制作塔面团

1 将糖粉、食盐加到变软的黄油中，搅拌均匀

将黄油加到容器里，用橡胶铲搅拌，接着用打蛋器搅拌一会儿，再加入糖粉和食盐搅拌均匀。

先用橡胶铲搅拌，待黄油变软之后，再换用打蛋器。

2 将蛋黄、面粉依次加入

加入蛋黄，继续搅拌食材，将筛过一遍的低筋面粉再次筛一下加入，用橡胶铲进行切割式搅拌。

3 醒发面团

搅拌至没有干面粉后，将面团整理成形，裹上保鲜膜，置于冰箱冷藏室里醒发30分钟以上。

冷藏　30分钟

4 将面团擀一下

在案板上撒适量干面粉，用擀面杖将面团擀成4mm厚的圆形。

95

混合浆果派

⑤ 将面团铺到模具里

将擀好的面团放在擀面杖上,移到模具上方,铺到模具里。待底部和侧面都铺好面团之后,用擀面杖从上面按压、转动面团,去掉边缘多余面团后,将边缘用手指轻轻压实。

制作要点

用手指轻轻按压边缘,使边缘的面团保持均匀的厚度,能够做出较为美观的底。

⑥ 对面团进行醒发

将整理好的面团置于冰箱冷藏室里,醒发30分钟。

冷藏　30分钟

此时将烤箱预热
至180℃

⑦ 在面团上扎出小洞

在面团的底部、侧面用叉子扎出小洞。

制作杏仁奶油

① 将各种食材混合

将黄油加到钢盆里,用打蛋器进行搅拌,加入糖粉后搅拌均匀。鸡蛋分2次加入,加入杏仁粉后,将各种食材搅拌均匀。

完成

① 烘烤

将搅拌好的杏仁奶油加到⑦中做好的面团里,将表面摊平,放入烤箱里用180℃烤约25分钟。

 烤箱 180℃　25分钟

烤好之后,如果将其直接从模具中取出,派容易裂开,因此要冷却至用手能够触摸的温度时,再将其从模具中取出。

② 制作卡仕达酱, 冷藏备用

将卡仕达酱做好后,放入冰箱里冷藏备用(具体制作方法参见第88页泡芙的制作方法)。

冷藏

③ 将卡仕达酱 搅拌好备用

将卡仕达酱放入钢盆里,用橡胶铲搅拌至光滑。

④ 将卡仕达酱 挤到塔皮上

将③中的卡仕达酱放入装有圆形裱花嘴的裱花袋里,待塔皮冷却之后,将奶油从中间呈漩涡状向外挤。

将奶油装入裱花袋里的时候,先用一个大的容器将裱花袋口撑开,这样操作更方便。

挤奶油时要注意,如果直接挤到边上,在放置浆果的时候,奶油受到浆果的挤压,容易溢出,影响美观,因此要在边缘留出约1cm的空隙。

⑤ 摆上浆果

将覆盆子、蓝莓、黑莓等从外侧开始摆放,摆放的时候注意查看整体的平衡,保持美观,最后撒上适量糖粉即可。

具有清爽风味的软奶酪变化样式

奶酪塔

食材（直径15cm的塔模具1个份）

塔面团与第94页的混合浆果派一样

杏肉果酱·················1大匙

┌明胶粉 ·················· 5g
└白葡萄酒（或者水） 2大匙

奶油奶酪················· 80g

砂糖 ·················· 30g

原味酸奶 ················ 80g

柠檬汁 ·················2小匙

鲜奶油 ··············· 80ml
（想要做得清爽一些，建议您选用乳脂成分35%的）

砂糖 ·················· 10g

原味酸奶（装饰用）1~2大匙

开心果 ··············· 少许

柠檬、酸橙皮 ·········· 适量

使用的工具

小锅
毛刷
点心制作用重石
除此之外与第94页的混合浆果塔一样
（不需要裱花袋和裱花嘴）

|准备工作|

· 将奶油奶酪、酸奶恢复到室温。

· 将明胶置于葡萄酒里浸泡

除此之外与第94页的混合浆果派一样

请参照第94页的混合浆果塔操作步骤❶~❼

❶ 在扎了眼的面团上铺铝箔纸，再压上重石。

❷ 将重石连同面团一起放入烤箱里，用180℃烤约15分钟，撤下重石后继续烤制10~15分钟。将烤好的塔皮从烤箱中取出放置5分钟后，从模具中取出，置于冷却架上冷却。

❸ 将杏肉果酱用小锅煮一下，趁热用毛刷刷到冷却后的塔皮边缘、底部和内侧。

❹ 将奶油奶酪加到钢盆里，用橡胶铲搅拌至奶酪变软，加入30g砂糖，用打蛋器充分搅拌。加入酸奶、柠檬汁后，将各种食材搅拌至光滑。

❺ 把泡好的明胶隔水加热，使其充分化开，加入❹中后，充分搅拌。再将钢盆底部浸入冰水里，搅拌至明胶出现黏稠感为止。

❻ 在另一个容器里，打发鲜奶油，加入10g砂糖后，打至7分发。加入❺中，搅拌均匀。倒入❸里，将表面轻轻摊平后，放入冰箱冷藏室里冷却、凝固。

❼ 最后在奶酪塔上用汤匙淋上装饰用酸奶，撒上切好的开心果和柠檬酸橙果皮（参照第65页）即可。

精心烤制出的小巧变化样式

迷你水果塔

食材 (直径8cm的塔模具6个份)

塔面团与第94页的混合浆果
塔一样

杏肉果酱……………………2大匙
混合浆果塔中用到的
卡仕达酱　………1个塔份
葡萄柚……………… 适量
黄桃 (罐头)………… 适量
猕猴桃 ………… 适量
草莓…………… 适量
蓝莓…………… 适量
可安多乐酒………… 适量
香草 (薄荷、细叶芹)　适量

使用的工具

菊花形压制模具
塔模具
烘焙纸
点心制作用重石
小锅
毛刷
除此之外与第94页
的混合浆果塔一样

[准备工作]

·将各种水果切好备用
·制作卡仕达酱 (参照第88页)
除此之外与第94页的混合浆果塔一样

请参照第94页的混合浆果塔操作步骤❶~❹

① 将面团擀成比塔皮更薄的3mm左右厚，
用菊花形压制模具压制，压好的面团放入
模具里醒发之后，在底部用叉子插出小
洞。

② 将整理好的面团放入模具，再铺上烘焙
纸，放上重石。

③ 将重石连同面团一起放入烤箱里，用
180℃烤15~18分钟，将烤好的面团从模
具中取出，置于冷却架上冷却。

④ 将杏肉果酱用小锅煮一下，煮好后趁热用
毛刷涂抹在塔皮的内侧。

⑤ 向塔皮里加入卡仕达酱。

⑤ 放上用可安多乐酒浸泡的葡萄柚、黄桃、
猕猴桃、草莓和蓝莓等水果，最后放上香
草进行装饰即可。

选用被称为美式派或者揉搓型派面团制作的

苹果派

食材（直径18cm的派模具1个份）

揉搓型派面团
（容易制作的分量）

A
- 低筋面粉 …………… 120g
- 高筋面粉 …………… 40g
- 无盐黄油 …………… 120g
- 水 …………………… 80ml
- 食盐 ……………… ⅓小匙
- 砂糖 ……………… ⅓小匙

高筋面粉（干粉）…… 适量

派面团………… 完成量的½
夹馅
- 苹果（红富士）………4个
- 砂糖 ……………… 80g
- 柠檬汁 …………… 1大匙

B
- 蛋黄 …………… ½个份
- 水 ……………… 1小匙

饼干碎
- 全麦饼干 ………… 40g
- 肉桂粉 …………… 1小匙

使用的工具

- 锅
- 木铲
- 直径18cm的派模具
- 盘子
- 钢盆
- 面粉筛
- 刮板
- 方平底盘
- 擀面杖
- 砧板
- 毛刷

[准备工作]

· 将低筋面粉和高筋面粉混合过筛，筛好后放入冰箱冷藏室
· 将A中食材混合，放入冰箱冷藏室
· 将黄油切成1cm小块，放入冰箱冷藏室
· 将饼干碎食材里的全麦饼干放入塑料袋里，敲碎后与肉桂粉混合 ⓐ
· 将B中食材混合

制作夹馅

① 切苹果

将苹果切成6瓣，去芯、去皮，切成1cm厚块状。

② 将苹果用砂糖煮一下

将①中切好的苹果放入锅里，加入砂糖后放置一会儿，大约十分钟之后，用文火加热。加热至苹果中渗出水分变得半透明后，将火调大，大约煮15~20分钟，将水分煮干。

③ 冷却

加入柠檬汁，用木铲搅拌至锅里没有水分后，将锅中食材冷却。

制作揉搓型派面团

制作面团的分量以1次容易操作的量为准。做好后需要保存时，建议您置于冰箱冷冻室里，在一个月内使用完。

① 将面粉与黄油混合

将面粉和黄油加到钢盆里，用刮板切割黄油，将面粉和黄油混合均匀。

② 加入A中食材

在①中间弄出一个小洞，放入A中全部食材，用指尖将中间面粉渐渐捻开混合。搅拌至残留一些干面粉、能够清晰看到黄油小颗粒为宜。

③ 醒发面团

将②中食材移到方平底盘里，盖上保鲜膜，放入冰箱冷藏室里醒发2~3小时。

冷藏 2~3小时

④ 将面团擀开

在砧板和擀面杖上撒适量干面粉，用撒过干面粉的擀面杖将③中食材擀成30cm×16cm的片状。

⑤ 对面团进行再次醒发

冷藏 30分钟

用毛刷刷掉面团上多余干面粉，折成三层后用保鲜膜包裹起来，放入冰箱冷藏室醒发30分钟。

此时在模具里抹上少许黄油，再撒上少许高筋面粉

⑥ 将面团转动90度擀开

将醒发好的面团用撒上干面粉的擀面杖擀成30×16cm。

根据室温和面团状态，面团里的黄油可能会化开，此时可以将面团放入冰箱冷藏室里再次醒发，待黄油凝固后再进行后面的操作。如果在制作过程中黄油化开溢出，即使折叠再多层，做出的面团也不会分层，而会成为一块死面团。

⑦ 折成三层后再擀开，重复操作

将面团再次折成三层，转动90度后，将其擀开。重复操作4次后，完成面团的制作。制作过程中，如果面团变软，可以将其放回冰箱冷藏室醒发一段时间，防止黄油融化开，影响最后的效果。

此时将烤箱预热至200℃

折叠面团时，要先用毛刷刷掉多余干面粉再折叠操作。

制作苹果派

用½个做好的派面团制作苹果派即可。

① 将面团铺到模具里

将用于制作苹果派一半的面团擀成比模具稍大的尺寸，将其铺到模具底部。用叉子在面团上插出小洞。

边缘多出的面团可以用刮板去掉，用叉子在整个面团上插出小孔。

② 铺上饼干碎

将做好的饼干碎铺到面团上，均匀摊开。

③ 放入夹馅

在❷上放入冷却后的夹馅，摊平。

④ 将另一半面团盖上去

将剩余的一半面团也撒上干面粉，擀成2倍大，用叉子在整个面团上插上小洞。用毛刷将B涂抹在❸的边缘，盖上擀好的面团，边缘用手指按压将其捏紧。用刮板将从模具边缘里溢出的面团切掉。用叉子背部轻压面团边缘，整理出花纹。

盖在上面的面团也要用叉子插出小洞，这样可以释放出加热过程中产生的蒸汽，防止派皮过度膨胀而碎开。

⑤ 用烤箱进行烤制

用毛刷将B涂抹在面团表面，用刀切几个口子。将苹果派放入200℃的烤箱里烤40~50分钟。

 烤箱200℃　40~50分钟

用刀子将面团划开，是为了排出加热过程中产生的蒸汽。烤出的派更美观、酥脆。

※剩余面团可以压制成心形，用于装饰。

食材（7~8个份）

第100页揉搓型派面团的½量

红薯	200g
三温糖※	40g
食盐	少许
无盐黄油	10g
鲜奶油	20ml
A ┌蛋黄	½个份
└水	1小匙
黑芝麻	1小匙

使用的工具

直径8cm的菊花形压制模具
除此之外与第100页的苹果派一样
（不需要平底盘）

准备工作 ·将烤箱预热到200℃

① 将红薯去皮后切成2cm厚的圆片，用水煮软。煮好后，将水沥干，红薯移到钢盆里，加入三温糖、食盐后搅拌成泥状。继续加入黄油、鲜奶油后搅拌均匀。

② 将派面团擀成3mm厚，用菊花形模具压制后，用叉子插出小洞。

苹果派的变化样式

迷你红薯派

③ 将❶中搅拌好的夹馅放到面团的一半范围内，面团周围用毛刷均匀刷上A，将面团另一半折叠盖上去，将派边缘捏紧。

④ 面团表面也用毛刷刷上A，中间用刀子划开2处。撒上黑芝麻即可。

⑤ 将做好的红薯派放入烤箱里，用200℃烤25分钟。

※三温糖：黄砂糖的一种，是日本的特产。

常被叫做法式面派或者折叠派的
拿破仑派

食材（约4个份）

法式派面团
（容易制作的分量）

低筋面粉 ·············· 150g
高筋面粉 ·············· 100g
无盐黄油 ·············· 50g

A[水 ··············· 130ml
食盐 ·············· 5g
高筋面粉（干粉）······ 适量
无盐黄油（折叠用）··· 200g

法式派面团······ 完成后的⅓
卡仕达酱（参照第88页泡芙
的制作方法）·········· 全部
糖粉 ················· 适量
草莓················· 适量
细叶芹················· 适量

使用的工具

钢盆
刮板
面粉筛
方平底盘
擀面杖
砧板
毛刷
烘焙纸
竹签
锅铲
茶漏
冷却架
裱花袋
星形裱花嘴

准备工作

· 将50g派面团用黄油切成1cm的小块，放入冰箱冷
  藏室里冷却
· 将低筋面粉与高筋面粉混合过筛，放入冰箱里冷却
· 将A中食材混合后放入冰箱里冷却

制作法式派面团

制作面团的分量以1次容易制作的分量为宜。这里我们用完成量的⅓来制作派。剩余的面团放入冰箱冷冻室里保存，并在1个月内尽快用完。

1 将粉类与黄油混合

将粉类、50g黄油放到容器里，用刮板切割黄油，将各种食材搅拌均匀。

制作要点

黄油被搅拌开之后，还可以用手指将其继续碾碎，整理成米粒状后搅拌。

2 将A中食材与①混合均匀

在①食材中间挖一个洞，放入A食材，用指尖慢慢从内侧开始，将各种食材搅拌均匀。

3 将面团整理成形

用手将各种食材搅拌均匀，整理成形。

4 对面团进行醒发

搅拌至看不到干面粉后，在面团中间位置切一个十字形，移到方平底盘里，裹上保鲜膜，置于冰箱冷藏室里醒发1小时以上。

冷藏　1小时以上

5 整理黄油的形状

将黄油从冰箱里取出后，撒上适量干面粉，用擀面杖将黄油擀成18cm宽的方形。操作过程中为防止黄油化开，动作要迅速。

之后整理面团，为防止黄油化开，可以将其裹上保鲜膜置于冰箱冷藏室里。

6 将醒发好的面团擀开

将④中醒发好的面团撒上干面粉，从中间切开部位擀成正方形。用擀面杖擀至面团能够包住黄油即可。由于中间部位要放黄油，可适当将中间部位擀得厚些。

 将黄油用面团包起来

在面团的中间放上黄油,将面团四角向中间聚拢,两两捏在一起将黄油包裹起来(约20cm方形)。包裹过程中,如果面团变软,可以将其放回冰箱冷藏室醒发一会儿。

冷藏

为防止黄油从面团里溢出,要用手指将面团四角紧紧捏住。

8 **将面团擀开**

撒上适量干面粉,用力压擀面杖,使面团与黄油贴合到一起。将面团从中间位置外侧和身前擀成厚薄均匀的片状,将其擀成原来3倍长即可。

9 **将面团折成三层**

从里面和身前将面团折过来,折成3层。

折叠面团的时候,用毛刷刷掉多余面粉。

 转动面团将其擀开

将面团转动90度,(上下)两侧用擀面杖擀。将其折成三层之后,放入冰箱冷藏室里醒发1小时左右。

冷藏 1小时

如果醒发过程中,面团里的空气没有排出的话,建议您用竹签将空气排出。

11 **重复"擀开→折叠"这一操作**

将从冰箱里取出的面团按照擀开、折叠成三层重复操作2次。

12 **对面团进行醒发**

将⑪中的面团用保鲜膜包裹起来,放入冰箱冷藏室里醒发1小时左右。

冷藏 1小时

⑬

擀开之后，再进行折叠，如果
想要知道一共重复操作了多
少次，可以每操作一次就在面
团上用力压出压痕。

⑬ 多次重复"擀开→
折叠"的操作

冷藏 | 1小时

将从冰箱里取出的面团按照擀
开、折叠成三层重复操作2次。这
样面团总共就折叠了6次（完成后
约为20cm的方形）。将整理好的
面团放入冰箱冷藏室里醒发1小
时左右。

制作拿破仑派

冷藏 | 30分钟

此时将烤箱预热至200℃

从冰箱里取出⅓的面团，用擀
面杖擀成3mm厚，将其擀成
2.5~3倍（约20cm方形）大
后，放入冰箱冷藏室里醒发
30分钟左右，用叉子插出小
洞。

1 将面团
用烤箱烤好

烤箱 200℃ | 15分钟 → 烤箱 210~230℃ | 5分钟

将面团放入铺有烘焙纸的烤盘里，
置于烤箱里用200℃烤15分钟，
用茶漏撒上适量糖粉后，继续将
温度调高至210~230℃，烤5分
钟。将烤好的派皮置于冷却架上
进行冷却。

如果烤制后的派皮边缘
膨胀，可以用锅铲轻轻按
压，排出里面的空气。

2 切割

待烤好的面团冷却后，先将边缘切
掉，使其具有分明的棱角，再从中
间切开。将切开的每一块面团6等
分（全部则为12份）。为了防止切割
过程中派皮碎裂，要选用具有波浪
形刀刃的刀具切割，切割的时候要
前、后慢慢移动将其切开。

3 挤卡仕达酱

※完成之后，还可以将切下来的派皮
边弄碎，贴在甜点侧面。

将搅拌好的卡仕达酱放入装有裱
花嘴的裱花袋里，挤到烤好的面
派表皮上，摆上2层。将做好的甜
点放入盘子里，撒上糖粉，放上
草莓和细叶芹装饰即可。

将法式派面团烤制成叶子形状的

叶形派

食材（直径8cm的菊花形压制模具10~12个份）

第104页法式派面团完成量的⅓
黄糖 ………………… 适量

使用的工具

直径8cm的菊花形压制模具
除此之外与第104页的拿破仑派
一样
（"竹签"以下的都不需要）

法式派面团的食材和制作方法
请参照第104页~第107页

① 将法式派面团擀成2倍大后，用模具进行压制。

② 在砧板上撒适量黄糖，放上①中压好的面团，从上面撒适量黄糖。

③ 用擀面杖将黄糖擀到面团里，并将面团擀成2倍大，插上适量小洞。

④ 将擀好的面团放入铺有烘焙纸的烤盘里，置于预热到190~200℃的烤箱里烤15分钟。

在法式派面团里裹上口味浓郁的板栗夹馅

栗子派

食材（直径7cm的玛芬蛋糕模具6个份）

第104页法式派面团完成量的⅓
生板栗······················ 200g

A ┌ 砂糖 ·················· 50g
　├ 无盐黄油 ··········· 12g
　└ 牛奶 ·············· 30~50ml

蛋液
┌ 蛋黄 ·················· ½个份
└ 水 ·················· 1小匙
糖霜······················ 适量
（参照第65页）

使用的工具

锅
木铲
玛芬蛋糕模具
除此之外与第108页
叶形派一样

准备工作

· 在玛芬蛋糕模具里涂抹薄薄一
层黄油，撒上少许高筋面粉。

法式派面团的食材与制作方法
请参照第104页~第107页。

① 去除板栗外皮、内皮后，加入适量水，煮至变软，倒掉水之后将板栗放回锅里，加入A中食材，用文火加热，加热过程中用木铲将板栗压碎。

② 将所需面团擀成最初的2~2.5倍大后，放入冰箱冷藏室醒发30分钟，将其切成6等分之后，用叉子插出小洞。

③ 将切好的面团铺到玛芬蛋糕模具里，加入①中处理好的板栗夹馅，把模具表面摊平，将面团四角涂抹上蛋液后，按压到模具中间。

④ 用叉子在面团中间位置插出小洞，表面涂抹适量蛋液后，放入烤箱里用190~200℃烤20分钟左右。待栗子派完全冷却之后，浇上适量糖霜即可。

享受坚果与巧克力的完美搭配

巧克力坚果饼

食材（16×20cm的方平底盘1个份）

考维曲巧克力（甜味）…… 120g   玉米片（原味型）…… 40g

坚果黄油……………… 30g   葡萄干……………… 40g

坚果（干炒的无盐型）… 40g

使用的工具

锅

钢盆

方平底盘（16×20cm）

烘焙纸

橡胶铲

塑料袋

[准备工作]

• 将巧克力切碎ⓐ

• 将玉米片装到塑料袋里，稍微弄碎ⓑ

• 在方平底盘里铺上一层烘焙纸

110

1

将巧克力隔水加热

为了防止加热过程中进入水汽，将巧克力放入一个比锅稍微大些的钢盆里，隔水加热使其化开。

2

加入坚果黄油

将巧克力从锅上移开，加入坚果黄油，利用巧克力酱的温度将黄油化开。

3

加入剩余食材

加入坚果、玉米片、葡萄干后，将各种食材充分搅拌均匀。

4

将食材倒入
方平底盘，摊平

将搅拌好的食材倒入方平底盘里，裹上保鲜膜密封起来，用手轻轻按压，整理好形状。

将保鲜膜里的空气排尽，按压使巧克力与其他食材粘到一起。

5

将食材放入冰箱
冷藏室里冷却、凝固

将整理好的食材放入冰箱冷藏室里20~30分钟，进行冷却、凝固。

冷藏　20~30分钟

6

切分

将整个烘焙纸从方平底盘里取出，揭下保鲜膜，从上面轻压菜刀进行切分。

在口中慢慢融化，具有浓厚味道和香气的
生巧克力

食材（16×20cm的方平底盘1个份）

鲜奶油 ·············· 100ml
考维曲巧克力（甜味）··· 150g

大马尼埃酒（橙味利口酒）1大匙
可可粉 ················ 适量

使用的工具

钢盆
小锅
橡胶铲
方平底盘（16×20cm）
茶漏
烘焙纸

[准备工作]

· 将保鲜膜铺在方平底盘里
· 巧克力切碎备用a

1 加热鲜奶油

将鲜奶油倒入小锅里，用文火加热。

②

将鲜奶油与巧克力
混合到一起

待锅中的鲜奶油开始从锅边冒泡沸腾时，离火，倒入巧克力中，用橡胶铲搅拌均匀（如果鲜奶油过度沸腾，其风味会受影响）。

③

加入大马尼埃酒

加热至巧克力完全融化、变光滑，出现光泽之后，加入大马尼埃酒，充分搅拌均匀。

搅拌过程中，为防止进入较多的空气，应慢慢搅拌，使巧克力出现光泽。

④

将搅拌好的食材倒入
平底盘里冷却、凝固

将搅拌好的食材倒入方平底盘里，摊平表面，裹上保鲜膜后，放入冰箱冷藏室30分钟~1小时，直至冷却到能够直接切开的硬度为止。

冷藏　30分钟~1小时

⑤

切分

将凝固好的食材从方平底盘里取出，揭下保鲜膜，置于烘焙纸上，用刀子切开。将切好的巧克力置于铺有可可粉的方平底盘里，沾满可可粉后完成制作，最后用茶漏继续撒上适量可可粉即可。

※进行切分时，可先将刀子放入热水里浸一下，沥干水分后再切割，就能切出较为平整的甜点了。

用抹茶打造和式口味的
抹茶生巧克力

食材（16×20cm的方平底盘1个份）

鲜奶油（乳脂成分35~40%
左右的）………………… 70ml
考维曲巧克力（白巧克力）… 150g
樱桃白兰地 …………… 1大匙
抹茶 ……………………… 适量

使用的工具和准备工作
与第112页的生巧克力一样

其制作方法与第112页的生巧克力几乎一样，只是这里选用樱桃白兰地代替大马尼埃酒。用抹茶粉代替可可粉，最后将抹茶粉撒到生巧克力上完成甜点的制作。

外形与菌类中的松露十分相似，因此而得名

松露巧克力

食材 (15×10cm的方平底盘1个份)

甘纳许

考维曲巧克力 (甜味)　　150g

鲜奶油 (乳脂成分40%左右)

　　…………………… 100ml

香草荚 ……………… ⅓根

白兰地 (或者黑朗姆酒) …1大匙

装饰用

考维曲巧克力……… 120g

可可粉 …………… 适量

使用的工具

小锅

钢盆

橡胶铲

方平底盘 (15×10cm)

烘焙纸

料理用温度计

[准备工作]

· 将香草籽从香草荚中刮出
· 巧克力切碎备用 ⓐ

制作甘纳许

1 加热鲜奶油

将鲜奶油和香草籽放入小锅里加热,煮至微沸。

2 将鲜奶油和巧克力混合到一起

将切好的巧克力放入钢盆里,加入 ❶ 中热好的鲜奶油将其化开,用橡胶铲充分搅拌均匀。

3 加入白兰地

搅拌至各种食材变光滑后,加入白兰地,继续搅拌至食材出现光泽。

4 将搅拌好的食材倒入方平底盘里

将搅拌好的食材倒入铺有保鲜膜的方平底盘里,摊平表面。

食材表面用橡胶铲摊平之后,盖上保鲜膜。

5 将平底盘放入冰箱冷藏室冷却

将方平底盘放入冰箱冷藏室30分钟~1小时,使食材冷却、凝固。

冷藏　30分钟~1小时

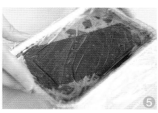

6 切分

将凝固好的食材从方平底盘里取出,切成条状,接着将每一条切成同样大小。

※建议您将刀子用热水蘸一下,擦干水分后,再切分。

115

松露巧克力

整理形状

※整理形状是指在切割后形状较小的巧克力上裹上一层调整好温度的巧克力。

1 将甘纳许滚成球形后冷却

将甘纳许有棱角的地方滚圆，摆放于铺有烘焙纸的方平底盘里。再裹上保鲜膜后放入冰箱冷藏室里，这样之后在甘纳许上涂巧克力时，也不会直接混入甘纳许里。

冷藏

2 制作整理形状用巧克力

※加热巧克力的过程中，要不断用温度计确认巧克力酱的温度。

加热过程中，锅与钢盆的空隙里会有蒸汽溢出，注意不要让水分进入巧克力里。

1. 将整理形状用的巧克力用50℃的热水隔水加热，用温度计确认巧克力加热至42~45℃。
2. 将钢盆的底部放入冷水里，慢慢搅拌，使巧克力酱的温度降至26℃。
3. 再次对巧克力进行隔水加热，将其热至30℃即可。

加热过程中要不断用橡胶铲搅拌，确保食材各处均匀受热。

3 整理甘纳许的形状

将❶中的巧克力放到手掌上，慢慢浇上❷中热好的巧克力酱，调整形状。待其表面干燥之后，再充分浇一次，这样巧克力就不容易化开了，做出的巧克力十分美观。

4 撒上适量可可粉

将整理好形状的巧克力放入铺有可可粉的方平底盘里，滚动巧克力，使巧克力裹上一层可可粉。

开心果松露巧克力

食材

开心果 ·················· 60g
大马尼埃酒················ 适量
除此之外与第114页的松露巧克力食材一样
（不需要白兰地、可可粉）

使用的工具

与第114页的松露巧克力一样

准备工作和制作方法与第114页的松露巧克力几乎一样。
将开心果放到平底锅里，用文火加热5分钟左右，待其冷却之后，用菜刀切碎。
❹完成时，趁松露巧克力表面还没干，撒遍切碎的开心果碎。

草莓松露白巧克力

食材

将第114页松露巧克力食材中甘纳许用的考维曲巧克力（甜味）换成考维曲白巧克力，加入60ml鲜奶油，白兰地换成樱桃白兰地。用3大匙糖粉、1小匙干草莓粉代替可可粉。

使用的工具

与第114页的松露巧克力一样

准备工作和制作方法与第114页的松露巧克力几乎一样。
❹完成时，将糖粉和干草莓粉混合，倒入方平底盘里，转动巧克力，粘上糖粉和草莓粉。

椰子碎松露巧克力

食材

椰子碎······················ 50g
大马尼埃酒（或者黑朗姆酒）
·························· 适量
除此之外与第114页的松露巧克力食材一样
（不需要白兰地、可可粉）

使用的工具

与第114页的松露巧克力一样

准备工作和制作方法与第114页的松露巧克力几乎一样。
将椰子碎放到平底锅里，用文火稍微炒上颜色。
❹完成时，趁松露巧克力表面还没干，放入装有椰子碎的方平底盘里滚动几下，使巧克力裹上一层椰子碎。

巧克力包裹住清香的杏仁

杏仁巧克力

食材（大约80粒份）

细砂糖	30g	无盐黄油	½小匙
水	1大匙	考维曲巧克力（甜味）	100g
杏仁（无盐型）	100g	可可粉	3大匙

使用的工具

- 锅
- 烘焙纸
- 方平底盘
- 木铲
- 橡胶铲
- 茶漏
- 钢盆

杏仁的酥脆口感
充分烤制是关键！

烤制杏仁时，如果杏仁里面没有充分上色，裹上糖霜后也难以保持酥脆口感，容易进入湿气，因此一定要充分烘烤杏仁。

[准备工作]

- 将杏仁放入150℃的烤箱里加热20~25分钟，充分烤透后，再充分冷却
- 巧克力切碎备用ⓐ
- 在方平底盘内铺上一层烘焙纸

---

1 将细砂糖化开

将细砂糖和水加到锅里，用中火加热。

2 加入杏仁

待细砂糖化开，锅中出现较大气泡时，加入烤好的杏仁，关火。

待锅中出现较大气泡，且气泡大小十分均匀时，立刻加入杏仁。

3 将杏仁裹上一层糖霜

用橡胶铲不断搅拌，使杏仁均匀裹上一层融化的细砂糖糖霜。

最开始呈透明状的砂糖开始出现结晶，搅拌至每一颗杏仁都均匀裹上糖霜，颗粒均匀。

4 加入黄油

将火调至中火，边加热边搅拌，使附着于杏仁上的糖霜化开。搅拌至糖霜成褐色，砂糖开始焦糖化后，关火，加入黄油，迅速搅拌均匀。

砂糖在融化过程中会冒烟，搅拌至砂糖焦糖化，这样能保持杏仁的香味，裹上焦糖的杏仁不容易进入湿气。

5

将杏仁摆放于方平底盘里，冷却

将裹满焦糖的杏仁迅速移到方平底盘里，快速将粘在一起的分开，保持原状冷却。

变凉之后杏仁会粘在一起，请趁热迅速搅开杏仁。

6

将巧克力化开

将巧克力隔水加热，化开。

7

将杏仁裹上化开的巧克力

将冷却后的杏仁倒入方平底盘里，加入⅛~⅙化开的巧克力后搅拌均匀。用橡胶铲将巧克力裹满杏仁，将其搅拌均匀。搅拌至杏仁表面开始发白，每一粒杏仁都分开时，继续加入与之前等量的巧克力酱，继续搅拌均匀。如此重复6~8次，直至将巧克力都搅拌均匀。

搅拌至杏仁表面的巧克力开始发白，巧克力裹满杏仁后，继续加入巧克力进行搅拌。

8

撒上可可粉

完成之后，将杏仁移到铺有一层可可粉的方平底盘上，从上面用茶漏撒上适量可可粉即可。

碧根果咖啡巧克力

食材（约50个份）

黄糖	……………………	30g
水	……………………	1大匙
碧根果	……………………	80g
无盐黄油	…………………	½小匙
考维曲巧克力（甜味）	…	80g
可可粉	……………………	1大匙
速溶咖啡（粉末）	……	2大匙

使用的工具

与第118页的杏仁巧克力一样

〔准备工作〕

·将可可粉与速溶咖啡混合，用茶漏过滤备用（可可粉和咖啡的混合比例可根据您个人喜好进行调整）

除上述准备工作外，其余准备工作与制作方法与第118页的杏仁巧克力一样，但步骤❼中将坚果裹上巧克力的操作重复4次即可。完成时，在坚果上撒上咖啡可可粉即可。

核桃仁巧克力

食材（约40个份）

细砂糖	……………………	30g
水	……………………	1大匙
核桃仁（整个）	………	100g
无盐黄油	…………………	½小匙
考维曲巧克力（甜味）	…	40g
可可粉	……………………	3大匙

※核桃仁要选用大小较平均的整个核桃仁，如果用碎核桃仁进行制作，做出的点心也较碎，影响美观。

使用的工具

与第118页的杏仁巧克力一样

〔准备工作〕

·将核桃仁置于150℃的烤箱里烤制15~20分钟，烤好后直接冷却。

除上述准备工作外，其余准备工作与制作方法与第118页的杏仁巧克力一样，但步骤❼中将坚果裹上巧克力的操作重复2次即可。完成时，在坚果上撒上可可粉即可。

甜点制作小贴士

用DIY甜点招待客人时，需要注意什么？

从食用时间倒推制作时间

为了防止客人来的当天制作过于匆忙，家里来客人时，您一般提前将甜点做好，这是可以理解的。能够保存的甜点提前一天做好没有问题的。如果是需要装饰的复杂点心，还是建议您在前一天把面团、食材等准备好，当天制作，并进行装饰，这样能够保证甜点的新鲜和美味。

装冷饮的容器要事先冷却后再使用

盛装果冻、果子露或者冰淇淋等的容器，建议您在使用之前先进行冷却，这样就能够保证甜点凉爽的口感了。

DIY甜点的"保质期"一般是多久？

一般是制作当天至第3天

DIY甜点的保质期因甜点种类不同而有所差异，它不像商店里贩卖的商品那样具有明确的食用保质期，但一般来说，加入鲜奶油或者新鲜水果的甜点要在当天食用，便于保存的烤制点心类也建议您在三天之内吃完。当然，过了最佳食用时间也是可以食用的，但DIY甜点的真正美味就在于它的新鲜度，最好是尽快食用。Part1中的水果磅蛋糕和心形巧克力蛋糕、Part2中的布朗尼蛋糕等，较刚烤制出来的，放置1天之后的口味反而更好，建议您在做好的第二天到第三天内食用。

想把自己亲手制作的点心送人时要怎么做？

用漂亮的包装包裹起来

最近，除了甜点专用包装纸外，很多精品店、百元店里都有各种各样的食品包装。送给一些亲近的朋友时，还可以用以前装甜点的瓶子、罐子、盒子等等，即方便又经济。

一定要明确告知保质期

DIY甜点不含防腐剂，在保证美味的同时一般食用保质期比较短，用心制作的甜点一定要让朋友在最美味的时候享用，在赠送时您可以贴心地附上一张"别忘记在○日之前吃完"的小纸条或者小卡片，让朋友体验到您无微不至的关照。

手工甜点的保存方法是什么？

尽量不让甜点接触空气

甜点味道变差一般是由氧化引起的。食材中含有的乳制品、油脂等在与空气中氧气接触之后，会慢慢失去原有的味道和新鲜度。您可以用保鲜膜、塑料袋、铝箔纸、玻璃容器、罐子等能够隔绝空气的装置将甜点保存起来。还可以在此基础上再放入硅胶(干燥剂)，防止甜点变潮。

防止串味!

用保鲜膜或者塑料袋保存甜点时，随着时间的推移，甜点中可能会带有塑料味。在保存容易吸收味道或者味道较为细腻的甜点时，虽然比较麻烦，还是建议您先用烘焙纸包裹起来，再保存。

除夏季外，建议均采用常温保存。

不能放入冰箱保存的甜点常温保存即可。使用鲜奶油制作的甜点或者冷饮一般需要冷藏保存，除了炎热的夏日，其他甜点常温保存即可。特别是巧克力类甜点，要尽量避免温度急剧变化，防止太阳直接照射、暖气直接接触等，以在15~20℃的地方保存为宜。因为，如果将巧克力放入冰箱里，巧克力会出现白色结晶，影响口感和美观。此外，烤制甜点、和式甜点中的饼类等受冷会干燥、变硬，放入冰箱里保存之后，一定要将其恢复到常温后再食用。

生巧克力需要冷藏保存!

Part 3

适合平时吃的
西式甜点

本章中主要介绍用平底锅或者蒸锅等各种常用的工具制作不需要冷却、凝固等复杂操作的简单甜点。

焦糖的微苦味道，更加凸显出蛋黄的甜味

焦糖布丁

食材 (直径7cm的布丁模具5个份)

牛奶	300ml	焦糖液	
砂糖	60g	砂糖	60g
全蛋液	150g	水	1大匙
香草荚	½根	热水	1大匙
(或者香草精数滴)			

使用的工具

布丁模具
钢盆
小锅
锅
橡胶铲
打蛋器
过滤器
长柄勺
竹签

[准备工作]

- 在布丁模具的侧面涂抹上薄薄一层黄油 ⓐ
- 将热水煮沸（焦糖用·烤箱用）
- 将香草荚从中间剖开
- 将烤箱预热到160℃

1 制作焦糖液

将焦糖液需要的砂糖和水加到小锅里加热。加热至食材全部呈褐色时，加入热水，轻轻晃动小锅，使锅内食材化开。将做好的焦糖液均匀地倒到布丁模具里，放入冰箱里冷藏备用。

冷藏

2 将牛奶和砂糖热一下备用

将牛奶和一半砂糖加到另一个锅里，加入香草荚。用中火加热，加热过程中不断用橡胶铲进行搅拌，搅拌至食材快要沸腾即可。取出香草荚，将香草荚中间的香草籽刮下来，搅拌到食材里。

3 将蛋液、牛奶和砂糖混合后过滤

将搅拌好的蛋液、剩余砂糖加到钢盆里，用打蛋器充分搅拌均匀，慢慢加入❸中搅拌好的食材，搅拌好后，过滤一下。

食材过滤之后，制作出的布丁口感更加细腻、爽滑。

4 过滤好的食材倒入模具里

将过滤好的食材用长柄勺慢慢加到有焦糖的模具里。

5 放入烤箱里进行蒸烤

将装好食材的布丁模具放入铺有纸巾的烤盘里，加入约1cm高70~80℃的热水，将烤盘放入烤箱里，用150~160℃蒸烤35分钟。用竹签插入布丁，如果没有粘连任何食材即表明熟透了。

烤箱 35分钟
150~160℃

将布丁从模具中取出的方法

① 将刀子插入模具和布丁之间，绕一周转动一圈。

② 将盘子盖到模具上部，压住模具倒过来，轻轻上下晃动模具，将模具慢慢提起即可。

制作要点

在烤盘底部放入纸巾，再加入热水，布丁模具的受热会更加温和，做出的布丁口味更细嫩。

6 冷却

将布丁稍微冷却之后放入冰箱冷藏室冷却，食用之前将其从模具中取出即可。

向食材里加入南瓜的变化花样

南瓜布丁

食材（8×8cm的耐热容器3~4个份）

南瓜（去皮、去种子）……200g
玉米淀粉（喜欢的话）…1小匙
牛奶………………………200ml
砂糖…………………………60g
全蛋液 ……………… 100g
香草荚……………………½根
（或者香草精数滴）
焦糖液
　砂糖…………………………60g
　水…………………………1大匙
　热水………………………1大匙

使用的工具

耐热容器
木铲
除此之外与第124
页焦糖布丁一样

| 准备工作 | ·与第124页焦糖布丁一样

※在布丁里加入玉米淀粉，能够使布丁具有
更加爽滑的口感，喜欢的话可适量添加。

❶ 将处理干净的南瓜裹上保鲜膜，放入微波炉里加热4分钟左右，趁热将其捣碎。待南瓜稍微冷却之后，加入玉米淀粉搅拌均匀。

❷ 参照第124页焦糖布丁的步骤❶制作焦糖液，装到容器里。

❸ 参照第124页焦糖布丁的步骤❷~❸，制作布丁蛋液。

❹ 向❶中慢慢加入❸中制作好的布丁蛋液，搅拌均匀。

❺ 将❹中搅拌好的食材慢慢倒入容器里，按照第124页焦糖布丁的步骤❺蒸烤。

❻ 待布丁冷却之后，浇上❷中做好的焦糖液进行装饰，将蒸好的南瓜（分量外）切好后装饰到上面。

烤制过程中,让布丁蛋液渗入面包中,打造一种完全不同的风味

面包布丁

食材(12×18cm的深烤盘1个份)

法棍⋯⋯⋯⋯⋯⋯⋯⋯⋯	80g
无盐黄油⋯⋯⋯⋯⋯⋯⋯⋯	2小匙
牛奶⋯⋯⋯⋯⋯⋯⋯⋯⋯	250ml
砂糖 ⋯⋯⋯⋯⋯⋯⋯⋯⋯	70g
全蛋液 ⋯⋯⋯⋯⋯⋯⋯	100g
蛋黄⋯⋯⋯⋯⋯⋯⋯⋯⋯	20g
香草荚⋯⋯⋯⋯⋯⋯⋯⋯	½根
(或者香草精数滴)	
葡萄干 ⋯⋯⋯⋯⋯⋯⋯	20g
糖粉 ⋯⋯⋯⋯⋯⋯⋯⋯	适量
肉桂粉⋯⋯⋯⋯⋯⋯⋯⋯	适量

使用的工具

深烤盘
除此之外与第124
页的焦糖布丁一样
(不需要小锅)

准备工作

· 在烤盘内涂抹薄薄一层黄油
· 将葡萄干用温水浸泡1分钟左右,沥干水分
· 将烤箱预热至170℃
· 将香草荚从中间剖开

① 将法棍切成1cm厚,略烤一下后涂上黄油备用。

② 参照第124页焦糖布丁的步骤②~③,制作加入蛋黄的布丁蛋液。

③ 将①中处理好的面包摆放在烤盘里,倒入②中做好的布丁蛋液,最上面撒适量葡萄干。

④ 将烤盘放入铺有纸巾的烤盘里,烤盘置于170℃的烤箱里烤约30分钟。用竹签插入布丁,如果不粘任何食材,就表明制作完成。趁热撒上适量糖粉和肉桂粉即可。

鲜奶油和焦糖的浓郁风味交相辉映

奶糖

食材（9×16cm的方平底盘1个份 约28个份）

细砂糖	90g	无盐黄油	20g
水饴	50g	食盐	少许（喜欢的话）
鲜奶油	80ml		

使用的工具

厚底锅
料理用温度计
方平底盘（9×16cm）
橡胶铲
烘焙纸

谨防烫伤！

在处理100℃以上的液体食材时，加热过程中液体会从锅里飞溅
出来，要防止烫伤。制作焦糖时，一定要选用较深的小锅，再带上
棉线手套。

 ·在方平底盘内铺上一层烘焙纸

1 加热细砂糖和水饴

将细砂糖、水饴混合后加到小锅里，用中火加热。

2 加热至糖汁呈褐色

不断搅拌锅里的糖汁，直至糖汁变成褐色。

3 在另一个锅里将鲜奶油和黄油热一下

取另一个锅，将鲜奶油和黄油混合，搅拌均匀，再加热一下，注意此时不要将其煮沸。

4 将各种食材混合到一起

趁❸中食材还温热时，加到❷中，搅拌均匀。

※此时，食材容易飞溅，请注意防止烫伤。

5 边加热边测量温度

不停搅拌，将锅中食材加热至118~120℃。

温度在118℃以下一般会做成软奶糖。

6

将食材倒入
方平底盘里

将加热好的食材慢慢倒入方平底盘里。

7

放入冰箱冷藏室
进行冷却、凝固

用橡胶铲将方平底盘里的糖液摊平后，在室温中稍微冷却一会儿，再放入冰箱冷藏室待其凝固。

冷藏

8

切割

待糖液凝固之后，将其从方平底盘里取出，撒上适量食盐，置于烘焙纸上，用刀切成边长2cm的小块。

※糖块表面有适量的食盐能够令人更明显地感受到甜味。

烘焙纸的铺法

将烘焙纸铺到模具或者方平底盘里的时候，要结合模具的大小将有角的地方充分折好，然后再铺到里面。

加入苦味巧克力的
巧克力奶糖

食材（9×16cm的方平底盘1个份 约40个份）

细砂糖 ………………… 90g
水饴 …………………… 50g
鲜奶油 ………………… 80ml
考维曲巧克力（苦味）… 60g

※巧克力还可以选用市场上销售的板状巧克力（黑巧克力）。

使用的工具

厚底锅
料理用温度计
方平底盘
（9×16cm）
橡胶铲
烘焙纸

准备工作
·在方平底盘内铺上烘焙纸
·将巧克力切碎备用

① 将细砂糖、水饴加到小锅里，混合后加热。

② 加热过程中要不断搅拌，直至糖液变成淡褐色。

③ 在另一个锅里加入鲜奶油和切碎的巧克力，将食材热好备用。

④ 将③中热好的食材加到②里，加热至118℃。

⑤ 将搅拌好的食材倒入方平底盘里，表面摊平后，置于室温里稍微冷却一会儿。放入冰箱里待其表面凝固之后，将其从方平底盘里取出，切成容易食用的大小。

食材（20×14cm的方平底盘1个份）

蛋白 ………………… 30g
细砂糖 ………………… 40g
明胶粉 ………………… 10g
水 …………………… 4大匙
细砂糖 ………………… 20g
可安多乐酒………… 1~2小匙
玉米淀粉 …………… 适量

使用的工具

方平底盘（20×14cm）
钢盆
手持式搅拌机（或者打蛋器）
茶漏
橡胶铲
烘焙纸

[**准备工作**]

· 将明胶放入适量水里浸泡
· 在铺有烘焙纸的方平底盘
  里撒适量玉米淀粉

享受入口即化的美妙口感
棉花糖

① 制作蛋白霜

将蛋白加到钢盆里，用手持式搅拌机或者打蛋器搅拌，分3次加入细砂糖，充分打发至蛋白有棱角。用手持式搅拌机搅拌时，蛋白霜会溅到容器四周，用橡胶铲将奶油刮到中间，再继续打发。

② 隔水加热明胶

对泡软的明胶进行隔水加热，加入细砂糖直至其完全化开。

132

3 将各种食材混合

打发❶中食材后，加入❷中化开的明胶、可安多乐酒。

4 将食材倒入方平底盘里

将搅拌好的食材倒入方平底盘里，食材表面用橡胶铲摊平。

5 将食材置于冰箱冷藏室进行冷却、凝固

将方平底盘用保鲜膜裹起来，放入冰箱冷藏室冷却、凝固。

冷藏

6 切分

将凝固好的食材从方平底盘里取出，揭开烘焙纸，放入铺有玉米淀粉的方平底盘里，涂抹上一层淀粉。用刀子将棉花糖切成便于食用的适当大小，切口上也撒适量玉米淀粉。

覆盆子口味的变化花样
覆盆子棉花糖

食材（20×14cm的方平底盘1个份）

蛋白	30g
细砂糖	30g
明胶粉	10g
水	4大匙
细砂糖	10g
覆盆子果酱	40g
柠檬汁	1小匙
樱桃白兰地	1小匙
玉米淀粉	适量

准备工作

与第132页的棉花糖一样

使用的工具

与第132页的棉花糖一样

❶ 将蛋白加到容器里，用手持式搅拌机或者打蛋器打发，分3次加入细砂糖，打发至蛋白霜出现棱角为止。

❷ 对浸泡好的明胶进行隔水加热，加入细砂糖后使其充分化开，加入覆盆子果酱和柠檬汁。

❸~❺与第132页的棉花糖操作方法一样（❸中用樱桃白兰地代替可安多乐酒）。左侧图片是用心形模具压制后的棉花糖，既美味又美观。

用平底锅制作的意式烤饼

烤薄饼

食材（8~9张份）

全蛋液	50g
砂糖	30g
食盐	少许
牛奶	150ml
低筋面粉	130g
泡打粉	1小匙

溶化的黄油（或者色拉油）	1大匙
香草油	2~3滴
色拉油	适量
枫糖浆	适量

使用的工具

钢盆
打蛋器
面粉筛
平底锅
锅铲
长柄勺

 ·将低筋面粉与泡打粉混合过筛

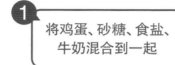

①

将鸡蛋、砂糖、食盐、牛奶混合到一起

将鸡蛋加到钢盆里,用打蛋器搅拌开,加入砂糖、食盐、牛奶后搅拌均匀。

②

加入面粉类搅拌均匀

将筛好的面粉再筛一下加到容器里,搅拌至看不到干面粉为止。

③

加入溶化后的黄油

加入溶化后的黄油和香草油,搅拌均匀。

④

醒发面团

盖上保鲜膜,将面团醒发30分钟~1小时。

30分钟~1小时

如果气温和室内温度过高,可以将装有面团的容器放入冰箱里醒发。

⑤

用平底锅烘烤

待平底锅发热后,涂上薄薄一层色拉油,将热好的锅放到浸湿的抹布上冷却2~3秒钟(通过这一操作,可以使平底锅整体具有均匀的温度,防止受热不均)。再将平底锅放到火上,用长柄勺舀一勺面团,倒入平底锅里,倒的时候将面团整理成圆形。用中火~文火加热,加热至面团表面出现小气泡时,将面团翻过来,反面也微微烤一下。剩余面团按照同样的方法烤制。

⑥

完成

将烤好的薄饼放到容器里,浇上枫糖浆(为防止烤好的薄饼变凉、变干,可以盖一块干净的布)。

用杏仁和细砂糖制作简单的

可丽饼

食材（12张份）

低筋面粉 ·············· 90g
砂糖 ·················· 25g
食盐 ·················· 少许
全蛋液 ··············· 100g
牛奶·············· 200~250ml
溶化的黄油（或者色拉油）
·················· 1.5大匙

香草油·············· 2~3滴
色拉油·············· 适量
杏仁片 ·············· 适量
细砂糖 ·············· 适量

使用的工具

钢盆
打蛋器
面粉筛
平底锅
长柄勺
锅铲
竹签

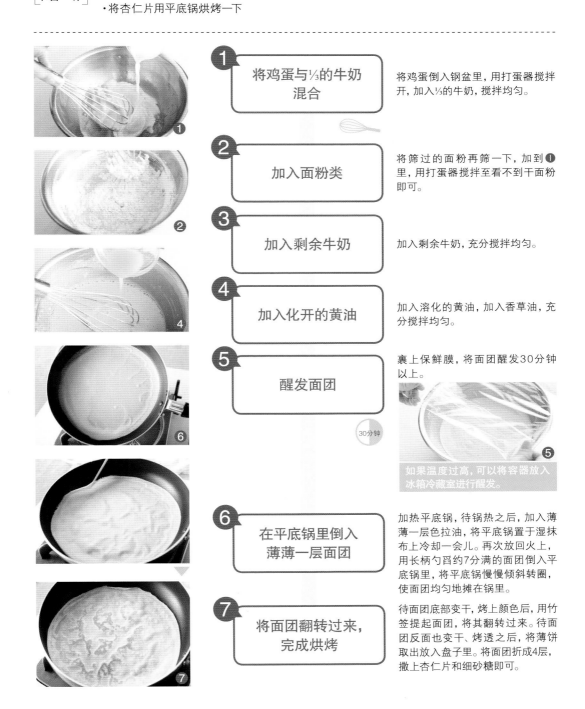

准备工作
·将低筋面粉、砂糖、食盐混合过筛
·将杏仁片用平底锅烘烤一下

1 将鸡蛋与⅓的牛奶混合

将鸡蛋倒入钢盆里,用打蛋器搅拌开,加入⅓的牛奶,搅拌均匀。

2 加入面粉类

将筛过的面粉再筛一下,加到❶里,用打蛋器搅拌至看不到干面粉即可。

3 加入剩余牛奶

加入剩余牛奶,充分搅拌均匀。

4 加入化开的黄油

加入溶化的黄油,加入香草油,充分搅拌均匀。

5 醒发面团

裹上保鲜膜,将面团醒发30分钟以上。

30分钟

如果温度过高,可以将容器放入冰箱冷藏室进行醒发。

6 在平底锅里倒入薄薄一层面团

加热平底锅,待锅热之后,加入薄薄一层色拉油,将平底锅置于湿抹布上冷却一会儿。再次放回火上,用长柄勺舀约7分满的面团倒入平底锅里,将平底锅慢慢倾斜转圈,使面团均匀地摊在锅里。

7 将面团翻转过来,完成烘烤

待面团底部变干,烤上颜色后,用竹签提起面团,将其翻转过来。待面团反面也变干、烤透之后,将薄饼取出放入盘子里。将面团折成4层,撒上杏仁片和细砂糖即可。

将抹有奶油的可丽饼折叠起来，打造别样风味

草莓酱可丽饼

食材（6~8块份）

鲜奶油 ……………………… 70ml
草莓果酱…………………………2大匙
糖粉 …………………………… 少许
除此之外与第136页的可丽饼面
团一样
（不需要杏仁片、细砂糖）

使用的工具

茶漏
除此之外与第136
页的可丽饼一样
另外还需要准备一
个小平底锅

|准备工作| ·将鲜奶油和草莓酱加到钢盆里，钢
盆底部放入冰水里，搅拌至奶油出
现棱角为止（草莓掼奶油）
·将低筋面粉、砂糖、食盐混合过筛

① 面团按照第136页可丽饼操作步骤❶
~❼进行制作，搅拌好面团后，在小平
底锅里烤制稍厚些的可丽饼12张。

② 将做好的可丽饼
1张1张摆放在盘
子里，边缘留出
约2cm，涂抹上
草莓奶油。

③ 盖上1层可丽饼，继续涂抹奶油，重复上
述操作，直至盖上最后1张薄饼。

④ 用茶漏在最上面1张薄饼上撒适量糖
粉，将薄饼切成适当大小。切好的多层
薄饼放到容器里，添加剩余草莓奶油
进行装饰即可。

咸味薄饼，为您的餐桌增添花样

全麦可丽饼

食材（8张份）

┌ 低筋面粉 ·················	50g
│ 砂糖 ····················	15g
└ 食盐 ····················	少许
全麦粉 ····················	60g
全蛋液 ····················	100g
牛奶 ······················	200ml
溶化的黄油（或者色拉油）	
··························	1.5大匙
色拉油 ····················	适量
奶酪片 ····················	适量
粗磨黑胡椒粉 ·············	少许
火腿 ······················	适量
生菜叶 ····················	适量
洋葱薄片 ··················	适量
彩椒丝 ····················	适量

使用的工具

与第136页的可丽饼一样

[准备工作]

·将低筋面粉、砂糖、食盐混合过筛

① 将鸡蛋加到钢盆里，用打蛋器搅开，加入⅓牛奶搅拌均匀。

② 将筛过的面粉再筛一次加入，加入全麦粉后，用打蛋器搅拌均匀，搅拌至看不到干面粉后，加入剩余牛奶、化开的黄油，醒发30分钟以上。

③ 按照第136页可丽饼的步骤制作出薄饼，在平底锅上放奶酪、火腿后，将薄饼折叠起来，整理

④ 待奶酪融化之后，将卷好的薄饼装盘，摆上生菜叶、洋葱、彩椒丝，撒上粗磨黑胡椒粉即可。

給人帶來活力的意式甜點
提拉米苏

食材（20×15cm的耐热容器1个份）

奶酪奶油
蛋黄	40g
细砂糖	40g
马斯卡彭奶酪	250g
蛋白	30g
细砂糖	15g

果子露
	速溶咖啡	2大匙
A	细砂糖	5g
	热水	3大匙
咖啡利口酒		1~3小匙
手指饼干（市售）		16根
可可粉		1大匙
速溶咖啡（粉末）		1小匙

使用的工具

钢盆
橡胶铲
打蛋器
毛刷
茶漏
耐热容器（20×15cm）

准备工作
- 将蛋黄、蛋白、马斯卡彭奶酪恢复到室温
- 将A中食材混合，稍微冷却之后，加入咖啡利口酒，制作果子露

1

将蛋黄、细砂糖、奶酪
搅拌均匀

将蛋黄、40g细砂糖加到钢盆里，用打蛋器搅拌至蛋黄发白，加入马斯卡彭奶酪，将各种食材搅拌均匀，呈光滑状。

加入马斯卡彭奶酪时，不要一次性加入，可以分2~3次，一点点搅拌均匀再加入。

2

制作蛋白霜

将蛋白加到另一个钢盆里，搅拌开，将15g细砂糖分2次加入，充分搅拌至蛋白出现棱角，制作成蛋白霜。

3

将❶和❷混合

将打发好的蛋白霜分2次加到❶里，为防止将奶油中的气泡弄碎，搅拌的时候动作要轻一些。

4

将手指饼干和
奶酪奶油装到容器里

将一半手指饼干铺到耐热容器里，用毛刷刷上适量果子露，放上一半❸中的奶油，将奶油表面摊平。剩余手指饼干涂上果子露，摆到上面，上面也用毛刷涂抹果子露，再放上❸中剩余的奶油，摊平即可。

摆放手指饼干的时候，中间不要留出空隙，这样饼干就能与奶油成为一个整体。

5

冷却

将容器裹上保鲜膜，置于冰箱冷藏室冷却4~6小时。食用前，在上面用茶漏筛上适量可可粉和速溶咖啡即可。

冷藏 | 4~6小时

不添加黄油，令人久久回味的清爽口味

蒸奶酪蛋糕

食材（直径6cm的玛芬蛋糕模具6个份）

奶油奶酪	……………………	60g
砂糖	…………………	50g
全蛋液	……… 1个份（50g）	
陈皮果酱	…………… 2大匙	

可安多乐酒	………	1~2小匙
┌低筋面粉	……………	110g
└泡打粉	……………	1小匙

使用的工具

钢盆
面粉筛
打蛋器
橡胶铲
玛芬蛋糕用纸杯
玛芬蛋糕模具（直径6cm）
蒸锅
竹签
冷却架

┌准备工作┐

· 将奶油奶酪、鸡蛋恢复到室温
· 低筋面粉与泡打粉混合过筛
· 将纸杯固定到模具里
· 在蒸锅里加入适量清水，加热 ⓐ

1 搅拌奶油奶酪，加入砂糖

将奶油奶酪加到钢盆里，用橡胶铲搅拌，然后换成打蛋器搅拌，加入砂糖，将食材搅拌均匀。

2 加入鸡蛋，搅拌均匀

将鸡蛋搅拌开，分2次加到❶里，将容器里各种食材充分搅拌均匀。

3 按顺序加入其他食材，搅拌均匀

加入陈皮果酱、可安多乐酒，搅拌均匀，将筛好的面粉再筛一下，加入，用橡胶铲进行切割式搅拌。

加入可安多乐酒等洋酒时，可以根据您个人喜好进行量的调整。

如果面团较硬，可以1小匙1小匙加入牛奶（分量外），根据面团软硬程度进行适当调整。

4 将面团放入模具里

搅拌至食材看不到干粉时，将面团均匀地放入模具里，将表面摊平。

5 用蒸锅蒸

将模具放入冒蒸汽的蒸锅里，用大火蒸15分钟左右。用竹签插入食材，如果没有粘连任何食材，就表明蒸熟了。

15分钟

将蒸锅锅盖用湿抹布包起来，这样沥下的水滴就不会滴到蛋糕上。

6 将蒸好的蛋糕从模具中取出

蛋糕蒸好后，连同纸杯一起从模具中取出，放置一边冷却即可。

添加大量鲜榨果汁的
香橙果冻

食材（100ml的果冻模具4个份）

橙子 …………… 3~4个	薄荷叶 ……………… 适量
⌈明胶粉 ……………… 5g	细砂糖 ………… 35~40g
⌊水 ……………………2大匙	
柠檬汁 ……………1小匙	
可安多乐酒…………1小匙	

使用的工具

⌈榨汁机
│锅
│钢盆
│果冻模具
│铲子
│长柄勺
⌊过滤器

⌈**准备工作**⌋ ·将明胶粉置于水中浸泡

1 将装饰用橙子切开

取一个橙子,去皮之后,将每一个橙瓣分开。

2 榨橙汁

将剩余的橙子,从中间横向切开,中间用刀子划出十字形切口后,榨汁,大约榨出250ml橙汁即可。如果榨出的果汁不够,可以加水补足。向榨好的橙汁里加入细砂糖和柠檬汁(分量外)调整味道。

为了去掉橙汁里的种子和薄片,可以将榨好的果汁过滤一下。

3 加热果汁

将橙汁加到锅里,稍微煮至沸腾后,加入细砂糖。用木铲子搅拌,待砂糖化开后,加入泡好的明胶,煮至明胶化开后,关火,将其倒入钢盆里冷却。

4 冷却果汁

将钢盆的底部放入冰水里,慢慢搅拌,使其冷却。

喜欢的话,您还可以加入适量柠檬汁、可安多乐酒等,调整味道。

5 将食材倒入模具里冷却凝固

继续搅拌食材,使其冷却,待其稍微呈粘稠状后,用勺子舀到湿润的模具里,放入冰箱冷藏室冷却、凝固。

冷藏

6 将果冻从模具中取出

将模具的下半部分浸到温水里,再把模具倒扣过来,取出里面的果冻,装饰上❶中切好的橙子和薄荷叶即可。

食材（120~150ml的玻璃杯4个份）

巨峰（不带籽）……… ½串
白葡萄酒（甜味）… 150ml
A ┌水 …………… 150ml
  │细砂糖 …………… 30g
  └柠檬片 …………… 1片
  ┌明胶粉 …………… 5g
  └水 …………………2大匙

使用的工具

玻璃杯
除此之外与第144页一样
（不需要榨汁机、果冻模具）

准备工作

· 将明胶粉放入清水中浸泡
· 将巨峰葡萄一粒粒摘下来

巨峰葡萄酒果冻

❶ 将摘下来的巨峰葡萄置于热水里烫一下，再放到凉水里浸泡，将皮剥掉。

❷ 将A中食材倒入锅里，用中火加热，待锅中食材沸腾之后，加入❶中处理好的葡萄，煮5分钟后，关火。

❸ 加入泡好的明胶，边加热，边用铲子搅拌，使明胶化开。待明胶化开后，将锅中食材倒入钢盆里。

❹ 将钢盆底部浸入冰水里，冷却，使其慢慢变浓稠。

❺ 将食材均匀地倒在容器里，放入冰箱冷藏室冷却、凝固。

葡萄柚酸橙果冻

准备工作

· 将明胶粉放入清水中浸泡备用

❶ 将1个葡萄柚去皮、去白络后，切成一口大小。剩余部分则榨取100ml左右的果汁。

❷ 将水和细砂糖加到锅里加热，将砂糖化开，待食材沸腾之后，加入泡好的明胶，将明胶加热化开。

❸ 将❷中加热好的食材倒入钢盆里，加入❶中处理好的葡萄柚、碳酸水、酸橙皮和柚子汁，搅拌均匀。

食材（120~150ml的玻璃杯4个份）

葡萄柚………………………2个
水……………………… 150ml
碳酸水………………… 100ml
细砂糖 ………………… 70g
┌明胶粉 ………………… 10g
└水 …………………………4大匙
磨碎的酸橙皮 ………1/5个份
酸橙汁…………………1小匙
酸橙半月形切片…… 4~5片

使用的工具

玻璃杯
方平底盘

除此之外与第144页一样
（不需要果冻模具）

❹ 将钢盆底部浸入凉水中，慢慢搅拌，使食材冷却。

❺ 冷却至食材呈现黏稠状后，将食材移到方平底盘里，放入冰箱冷藏室冷却、凝固。

❻ 用汤匙将凝固的果冻盛到玻璃杯里，添加切片的酸橙装饰。

食材（100ml的果冻模具4个份）

A ⎡ 牛奶 ················· 200ml
 ⎜ 水 ················· 50ml
 ⎜ 炼乳 ················· 50g
 ⎣ 生姜薄片 ·············2片
 ⎡ 明胶粉 ················· 6g
 ⎣ 水 ·················2大匙
 草莓 ·················4颗
 薄荷叶 ················· 适量

※除生姜之外，还可以添加肉桂或薄
 荷茶、洋甘菊茶等

使用的工具

与第144页一样
（不需要过滤器、榨汁机）

准备工作

·将明胶粉放入清水中浸泡

① 将牛奶、水、炼乳、生姜等加到锅里，慢慢
 加热，加热过程中要不断搅拌，搅拌至食材
 快要沸腾即可。

② 加入泡好的明胶，用铲子充分搅拌至化开。

牛奶果冻

③ 将搅拌好的食材倒入钢盆里，取出生姜，钢盆底部浸
 入冰水里，慢慢搅拌，直至食材出现黏稠感。

④ 将冷却好的食材倒入湿润的模具，凝固。

⑤ 将凝固后的果冻模具放入温水里，倒扣在盘子上，
 将果冻取出，装点上草莓、薄荷叶即可。

可可果冻

① 将可可粉、砂糖加到锅里，轻轻搅拌均匀，加入热水，用
 铲子搅拌至砂糖化开。

② 一点点加入牛奶，将各种食材充分搅拌均匀。

③ 用中火加热，在食材沸腾之前，关火。加入泡好的明胶，
 不断搅拌。

④ 将各种食材过滤到钢盆，钢盆底部浸入冰水里，轻轻搅
 拌，使其慢慢冷却，变得黏稠。

食材（100ml的果冻模具4个份）

牛奶 ····················· 250ml
可可粉 ················· 6g
砂糖 ················· 30g
热水 ·················2大匙
⎡ 明胶粉 ················· 6g
⎣ 水 ·················2大匙
樱桃（罐头）·············4颗
打发奶油················· 适量

使用的工具

与第144页一样
（不需要榨汁机）

准备工作

·将明胶粉放入清水中浸泡

⑤ 将冷却后的食材倒入浸湿的模具里，
 放入冰箱冷藏室冷却、凝固。

⑥ 将凝固好的果冻从冰箱里取出，放入
 温水里浸泡片刻，将模具倒过来，置于
 盘子上，果冻就取出来了。最后，挤上
 适量打发奶油、放上樱桃装饰即可。

酸甜可口的芒果清香令你惊叹不已!

芒果慕斯

食材(120~150ml的容器4个份)

芒果········ 2个(1个200g)

A ┌ 水 ················· 100ml
  │ 白葡萄酒(或者水)···50ml
  │ 细砂糖·················40g
  └ 柠檬薄片 ·············1片

鲜奶油(乳脂含量35%) 100ml

┌ 明胶粉·················· 8g
└ 白葡萄酒(或者水) 3大匙

细叶芹·················· 适量

使用的工具

┌ 锅
│ 过滤器
│ 钢盆
│ 打蛋器
│ 铲子
│ 长柄勺
└ 容器

[准备工作]

· 将明胶放入白葡萄酒中浸泡

1 取芒果果肉

以芒果中间的种子为界,将两侧切开,去皮、去种后,取芒果果肉。装饰用芒果请额外留出。

2 将芒果果肉用果子露煮制一下

将A中食材倒入锅里,煮至沸腾,加入芒果果肉,用中火加热,再次煮至沸腾后,调为文火,大约煮5分钟后,将柠檬取出。

煮制过程中,如果食材表面有沫,用勺子撇干净。

③ 将煮好的食材打成泥状

将**②**中煮好的食材过滤一下（或者用搅拌机搅碎）打成泥状，加入隔水加热化开的明胶，充分搅拌均匀。

加入化开的明胶之后，将容器底部浸入冰水里，冷却。

④ 打发鲜奶油

将鲜奶油加到另一个钢盆里，钢盆底部浸入冰水里，对奶油进行冷却的同时，打至7分发。

⑤ 将**③**和**④**混合

将**③**中容器放入冰水里，用橡胶铲慢慢搅拌，当食材变黏稠时，加入**④**中打发好的奶油，搅拌均匀。

⑥ 进行冷却、凝固

将**⑤**中食材搅拌均匀后，倒入容器里，放入冰箱冷藏室冷却、凝固。最后装饰上切好的芒果，摆上细叶芹即可。

冷藏

食材（100ml的果冻模具4个份）

牛奶	250ml
红茶叶（伯爵红茶）	2小匙
枫糖浆	40ml
鲜奶油	100ml
枫糖浆	30ml
明胶粉	8g
水	3大匙
枫糖浆	1大匙

使用的工具

果冻模具
除此之外与第148页一样（不需要容器）

准备工作

· 将明胶粉放入清水里浸泡

① 将牛奶、红茶叶、枫糖浆果子露加到锅里，用文火加热，待锅中食材稍微沸腾之后，关火，保持原样继续焖5分钟。

② 将泡好的明胶隔水加热。

③ 将**①**中食材过滤到钢盆里，加入**②**中煮化的明胶，搅拌均匀。将钢盆底部浸入冰水里，冷却食材，使食材呈现粘稠状。

红茶风味的
枫糖慕斯

④ 将鲜奶油、枫糖浆果子露加到另一个钢盆里，底部浸入冰水里，打至7分发。

⑤ 将**④**中食材加到**③**里，用橡胶铲搅拌均匀。将搅拌好的食材倒入湿润的模具里，放入冰箱冷藏室冷却、凝固。待慕斯凝固之后，将模具下半部分放入温水里浸泡片刻，倒扣在盘子上，将慕斯取出。装好盘之后，浇上枫糖浆果子露即可。

酸爽的口味沁人心脾

香橙果子露冰淇淋

食材（4个份）

橙子 ·······················4个
柠檬 ·······················1个
细砂糖 ·················· 100g

┌ 明胶粉 ······················ 5g
└ 水 ······················2大匙
鲜奶油 ·················· 100ml

使用的工具

漂白布
钢盆
榨汁机
金属容器
橡胶铲
打蛋器

|准备工作|

· 将明胶置于清水中浸泡，泡好后隔水加热，将其化开
· 将柠檬榨汁，取40~50ml备用

1 挖出橙子果肉

将橙子上部¼的部位切掉，用汤匙将果肉挖出来，去除橘络备用（切掉的上半部分里的果肉也要取出）。

1 挖果肉之前，先用刀子在周围划出切口，取果肉时会更简单一些。

2 榨汁

将挖出来的果肉用漂白布包裹起来，用手挤压，挤出果肉里的果汁，大约准备400~450ml果汁即可。

3 将细砂糖、明胶混合

将细砂糖、柠檬汁倒入容器里，混合均匀后，加入溶开的明胶，充分搅拌均匀。

4 置于冷冻室冷冻

将搅拌好的食材倒入金属制容器里，放入冰箱冷冻室冻3~4小时，取出之后，用汤匙将容器里的食材打碎，搅拌均匀。

冷冻 | 3~4 小时

取出果肉的橙子皮也一起放入冰箱里冷冻备用。

5 加入鲜奶油，再将食材放入冰箱冷冻

加入打至7分发的鲜奶油，继续将各种食材充分搅拌均匀，再将食材放入冰箱冷冻室进行冷冻。

冷冻

※用汤匙搅动食材，使其含有一定的空气。此时，搅拌越充分，食材就越细腻，将以上操作重复2~3次即可。

6 将做好的冰淇淋盛入果皮里

将冰淇淋从冰箱里取出，搅拌均匀后，盛入事先冻好的橙子皮里。此时也可以用裱花袋操作。

食材（4~5人份）

原味酸奶	250g
蜂蜜	20g
鲜奶油	120ml
蛋白	40g
细砂糖	35g
樱桃白兰地（任意喜爱的洋酒均可）	2小匙

使用的工具

与第150页的香橙果子露冰淇淋一样
（不需要榨汁机、漂白布）

1 将酸奶、蜂蜜加到钢盆里，搅拌至光滑。

2 将蛋白加到另一个钢盆里，细砂糖分3次加入，高速搅拌，打发至蛋白出现棱角，呈蛋白霜状即可。

3 将鲜奶油加到另一个钢盆里，搅打至7分发即可。

4 将**2**中的蛋白霜分2次加到**1**里，充分搅拌均匀。加入**3**中鲜奶油后，继续搅拌均匀。

与水果冰淇淋完全不同的酸爽口感
冷冻酸奶冰淇淋

5 加入樱桃白兰地调味，将搅拌好的食材倒入金属制容器里，放入冰箱冷冻室冻4~5小时。

6 为了保证冰淇淋最后的爽滑口感，冻好的冰淇淋要用叉子压碎后，充分搅拌，再装到容器里享用。

添加大量香草荚充分体现香草风味的

香草冰淇淋

食材（6~8个份）

蛋黄 ················· 80g
细砂糖 ··············· 60g
牛奶 ················ 200ml
香草荚 ·············· ⅓根

鲜奶油（乳脂含量35%）··· 150ml
薄荷叶 ················ 适量
杯状瓦片饼干 ········ 6~8个

使用的工具

钢盆
打蛋器
锅
过滤器
橡胶铲
金属制容器
挖球器
（也可以用大汤匙代替）

准备工作 ·用瓦片饼干代替容器（参照第52页，
将面团烘烤成直径12cm大，趁热整理成杯状）

 将蛋黄与细砂糖
混合，搅拌均匀

将蛋黄与一半细砂糖倒入钢盆
里，用打蛋器搅拌至蛋黄发白、呈
蓬松状。

2 将细砂糖加到
牛奶中，热好备用

将牛奶和剩余细砂糖加到锅
里，加入剖开的香草荚，用中火
加热至食材快要沸腾。取出香
草荚，将香草籽刮到容器里，搅
拌均匀。

3 将食材混合均匀，
过滤

将**2**中热好的食材一点点加入
1中，边加入边用打蛋器快速搅
拌，搅拌好后将食材过滤一下。
过滤出来的物质不要再加到食
材里（通过过滤可以去除蛋黄里
的薄皮以及卵带等物质）。

4 将食材倒入锅里，
用文火加热

将过滤好的食材倒回锅里，用文
火加热。并用橡胶铲慢慢搅拌，
使食材均匀受热。

食材慢慢热透
之后，会发白，
慢慢出现些许
黏稠感。

5 将食材放入
冰水里冷却

将热好的食材再次过滤一下，倒
入钢盆里，钢盆底部浸入冰水
里，搅拌将食材冷却。

过滤出来的
物质不要再
加到食材里，
过滤出来的
一般是过度
受热的蛋黄
等物质。

6 放入冰箱里冷冻

将过滤好的食材倒入金属容器
里，置于冰箱冷冻室冷冻2小时。

冷冻　2小时

7 加入鲜奶油

将**6**中食材用汤匙充分搅拌开，
加入打至7分发的鲜奶油。

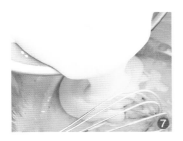

8 再次冷冻，用汤匙
搅拌开即可

将搅拌均匀的食材再次放回冰箱
冷冻，用汤匙充分搅拌开之后，再
重复2次冷冻、搅拌的操作，直至
冰淇淋呈较细腻状。最后，将做
好的冰淇淋用挖球器（或者大汤
匙）挖到瓦片饼干上面，装饰上薄
荷叶即可。

食材（直径4cm左右的模具20个份）

草莓…………………… 250g
细砂糖 ………………… 100g
柠檬汁 …………………2小匙
奶油奶酪……………… 80g
鲜奶油 ……………… 100ml
樱桃白兰地………… 2小匙

使用的工具

搅拌机
硅胶玫瑰花模具
钢盆
打蛋器
橡胶铲

草莓冰淇淋

┌准备工作┐

- 将草莓洗净、去蒂
- 将奶油奶酪切成1cm的小块，恢复到室温

❶ 将处理干净的草莓、细砂糖、柠檬汁、奶油奶酪全部放入搅拌机中搅碎（如果没有搅拌机，建议您将草莓捣碎，用粗眼笊篱过滤之后，加入细砂糖用打蛋器搅拌均匀，再加入其他食材搅拌）。

❷ 将鲜奶油倒入钢盆里，底部放入冰水里，打至7分发。

❸ 将❷中食材加到❶里，用打蛋器充分搅拌均匀，加入樱桃白兰地，搅拌均匀后，倒入玫瑰花模具中，大约倒至模具9分满即可，然后将模具放入冰箱里冷冻约2小时。做好后，将冰淇淋装盘，装饰上玫瑰花或者香草即可。

杏仁奶糖冰淇淋

食材（6~8人份）

细砂糖 ………… 80g
杏仁片 ………… 70g
无盐黄油……… ½小匙
除此之外与第152页的香草冰淇淋一样

使用的工具

平底锅
烘焙纸
除此之外与第152页的香草冰淇淋一样

┌准备工作┐

- 将杏仁片用平底锅烤成淡黄色，冷却备用

❶ 先制作第152页的香草冰淇淋。

❷ 将细砂糖加到锅里，用文火加热至砂糖化开，待砂糖变成淡褐色后，加入杏仁片和黄油，迅速搅拌均匀，将搅拌好的杏仁奶糖置于烘焙纸上冷却。冷却之后，将其稍微弄碎备用（稍微大点的碎片可以用于装饰。可取出适量备用）。

❸ 将②中弄碎的杏仁奶糖加到香草冰淇淋里，搅拌均匀。最后，将搅拌好的冰淇淋装盘，用剩余的杏仁奶糖装饰即可。

朗姆葡萄干冰淇淋

食材（6~8人份）

香草精………………少许
葡萄干 ……………… 30g
朗姆酒（黑朗姆） 2大匙
除此之外与第152页的香草冰淇淋一样
（不需要香草荚）

使用的工具

与第152页的香草冰淇淋一样

┌准备工作┐

- 葡萄干用温水洗净，用纸巾吸干水分后，放入朗姆酒里浸泡（浸泡半天以上味道更好）

❶ 用香草精制作第152页的香草冰淇淋。

❷ 向❶中加入浸泡好的葡萄干，搅拌均匀，继续冷冻，食用前搅拌均匀，装盘即可。

Part 4

超级简单!
经典日式甜点
和不同季节的
茶点

一提到日式甜点,一般人都会觉得只有专业的甜点师傅才做得出来,这样想就错了! 其实,和式甜点一般都会选用较为简单的食材,即使在家您也能够轻松做出。本章主要向您介绍一些较为有名的和果子以及充满季节感的应季茶点,快快动手做起来吧!

主要的日式甜点食材

这里主要向您介绍本书主要用到的日式甜点食材

荞麦面　丸子粉

道明寺粉

糯米粉

面粉类

说起用于制作日式甜点面团的粉类，人们首先想到的一般是用于制作生甜点的优质糯米粉（将粳米经过碾制、干燥后制成的精制糯米粉）、糯米粉（将碾碎的糯米经过水中浸泡、脱水、干燥后制成的）、道明寺粉（将糯米经过蒸制、干燥、碾制后制成的）等面粉类。丸子粉（参照第158页）一般是将优质糯米粉与糯米粉按照1:1的比例调配出来的。另外，茶会等场合经常见到的各种富有季节感的甜点，都是在蒸煮糯米粉等粘性米粉的基础上，添加砂糖或者水饴、白豆沙馅、山药等制作而成的。此外，由于日式甜点最初是由葡萄牙传入，因此还有用荞麦面制成的荞麦松饼（参照第170页）、用小麦面粉制成的铜锣烧（参照第168页）、蛋糕等受西式甜点影响的甜点类型。

甜味剂

日式甜点主要用到的甜味剂有砂糖（绵白糖·三温糖·黄糖）、蜂蜜、米酒、水饴等。这些甜味剂除了能为食材保湿、增加光泽，还是决定甜点的烤制颜色、美观程度的重要决定因素。

·三温糖

其制作方法与绵白糖一样，但最后进行结晶的过程中，形成了焦糖成分。因此，这种糖的主要特点是甜味较浓。

·黄糖

将蔗糖浓缩之后，未经过精制过程而制成的糖类，富含维生素和矿物质，风味较为独特。

·蜂蜜

由于蜂蜜是由蜜蜂从花中采集到的花蜜为原料制成的，因此根据采蜜花朵的不同，蜂蜜的味道也会有所差异。常见的蜂蜜有槐花蜜、白色三叶草蜜等。

·米酒

将蒸过的糯米和酒曲等用烧酒糖化后制成的一种淡黄色甜味酒。与砂糖相比，温和的甘甜味是其主要特征，米酒能够使食材呈现较为美观的烤制颜色，为食材增加特别的芳香风味。特别是制作铜锣烧的时候，想要为铜锣烧外皮烤上较深的颜色，米酒必不可少。另外，与米酒相类似的调料还有"米酒风味调料"以及"发酵调料"等，但其制作方法和成分与米酒完全不同，前者是在酒精的作用下制成的，后者则含有一定的咸味，用于甜点制作时首选米酒。

·水饴

将淀粉糖化之后制成的甜味调料。因水饴具有一定的黏性和保湿性，一般添加到面团里，能给面团增加光泽度。此外，砂糖冷却之后就会凝固，用水饴搅拌出的面团，较为光滑、温和，能够营造出不一样的口感。

蜂蜜

米酒

水饴

黄糖

三温糖

赤豆

也被叫做红小豆。根据其大小不同可以分为大粒红小豆、中粒红小豆和小粒红小豆，大粒红小豆一般直接用蜂蜜煮制，用来制作上等甜点。中粒红小豆和小粒红小豆一般用于打碎后制成豆沙馅，或者用于制作红豆饭等。

小苏打

小苏打还常被叫做发酵苏打。加入水或者经过加热，小苏打会产生大量碳酸气体，使面团膨胀，保持一定的弹力。小苏打还会使面粉中的成分呈现淡黄色，一般用于制作带有淡黄色的乡村包子等。此外，泡打粉（参照第12页）是在小苏打的基础上，添加酸化剂等成分制成的。与泡打粉相比，小苏打一般会使面团横向膨胀。此外，加入小苏打后，如果不加热，面团不会发生膨胀变化，利用这一特点，可以对面团进行醒发。

寒天

用石花菜等海藻制成，与明胶不同，即使在室温下也能够凝固，其弹性和透明度比明胶都要大一些。此外，寒天不耐酸，加入酸味较强的果汁后，就很难凝固。常见的寒天有棒状或片状的，本书中主要用煮化后能够轻松造型的寒天粉来制作甜点（参照第173页）。

炼乳

炼乳是将牛奶煮透、浓缩后，加入糖类制成的。主要用于想要增加牛奶风味的甜点中。现在"炼乳"通常是指加糖炼乳，但也有无糖型炼乳。

红色食用色素

在食品上着色用的红色粉末。以红花为原料制成的。一般用于和式点心的粉色和红色着色。本书中主要用于制作樱饼（参照第166页）。

黄豆粉

黄豆粉是指将大豆磨碎后制成的粉末状食材。一般是用黄大豆制成的，用青大豆制成的豆粉，因其颜色，而常被叫做绿豆粉，是一种较为高级的豆粉类型。本书中，主要向您介绍用绿豆粉制成的日式甜点（参照第172页）。

黄豆粉

绿豆粉

日式甜点的分类

和果子（日式甜点）按不同用途可分为生果子、供果、和上生果子。生果子是指茶点以及平时及节日食用的甜点，常见的有樱饼、柏饼、大福、萩饼等。供果是指红白喜事时会用到的和果子，一般红白包子比较常见。上生果子则是和果子师傅一个一个精心制成的上等高级茶点，在茶道中，一般会搭配浓郁的抹茶一起享用，在家中招待客人时，多会搭配上等煎茶或者薄茶等。上生果子不会损害茶的香味和风味，其甘甜的香味会一直在口中蔓延，一般以白豆沙馅为基础，搭配具有季节代表性的食材。因使用的工具以及制作者的匠心独运，这类点心一般会融入"花鸟风月"的设计，常被人们称为"可以食用的艺术品"。本书主要针对初学者编写，内容中不会涉及较为复杂的上生果子，从第172页开始介绍4款较为简单、常见的日式茶点。让我们从这四款茶点中体会四季乐趣吧！

选用糯米粉与优质糯米粉混合的丸子粉制成的

日式丸子（御手洗丸子、豆沙馅丸子）

食材（32个份）

丸子
　丸子粉·················· 　30g
　热水·················· 160ml

※"丸子粉"是将糯米粉与优质
糯米粉按照1:1的比例调配的。

御手洗丸子汁

A｜水·················· ½杯
　海带·················· 3cm小块
　砂糖 ·················· 60g
　酱油·················· 1.5大匙

B｜土豆淀粉·············1大匙
　水·················· 1大匙

豆沙馅·················· 120g
（参照第161页）

使用的工具

锅
木铲
钢盆
蒸锅
漂白布
烤网
研磨杵

· 在蒸锅里加入适量水后，开火加热
· 制作御手洗丸子汁

用润湿的干净抹布将海带表面擦干净。将A中食材倒入锅里加热，稍微煮一会儿后，将海带取出。加入B，稍微煮一会儿，煮至食材开始出现黏稠感后，将锅从火上移开

制作丸子

1 在丸子粉里加入热水

将丸子粉倒入钢盆里，一边加入热水，一边用长筷子搅拌均匀。

2 用手将面团整理成型

待面团的温度能够用手碰触后，将面团整理成型。

3 用蒸锅蒸

待蒸锅冒出蒸汽后，铺上用水润湿并拧干的漂白布，将面团8等分，放于漂白布上，用大火蒸30分钟左右。

30分钟

4 去除多余热量

将蒸好的面团用漂白布兜起来，浸入凉水里，去除面团里的热气，沥干水分。

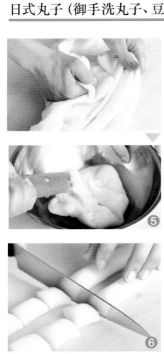

5 将面团捏到一起

将漂白布从外面捏起来，将里面的面团整理成一个，然后将面团移到钢盆里，充分团结实。

※此时将面团充分团结实，面团就能产生弹性，整个面团会更加细腻、紧实。

6 切割

将面团2等分之后，整理成棒状，每一条面团各自16等分。

7 搓成圆形

用手掌将每一小块面团都搓成圆形，整理成丸子形状。

8 完成

御手洗丸子用到的丸子，都是将其放到热烤网上轻轻烤出颜色，再装盘的，然后浇上御手洗丸子汁。剩余的丸子装到容器里，放上豆沙馅即可。

红豆沙馅和白豆沙馅

和果子中最常用到的夹馅要数红豆沙馅和白豆沙馅了。第161页介绍的"豆沙馅"要求在煮制过程中尽量不弄碎红小豆豆皮，煮好后再加入黄糖制成的。在此基础上，将豆子弄碎的就是"甜豆馅"。将红小豆煮软之后，经过筛滤，加砂糖后制成的就是"细豆馅"。在加入砂糖之前，去掉煮豆子时候的水分，将豆子压成粉末状，是"粉豆馅"，一般会加入适量水分后再用于制作甜点。白豆沙馅一般是用白色四季豆制成的，加入蛋黄的就是"蛋黄豆沙馅"，加入甘栗就是"甘栗豆沙馅"，加入抹茶的就是"抹茶豆沙馅"等等，可以将其与各种食材搭配在一起，制成风味各异的馅料。

豆沙馅的制作方法

食材（700g份）

红小豆·····················250g
水·····························3杯
砂糖 ·················230~250g
食盐·······················少许

使用的工具

锅
笊篱
木铲
方平底盘
圆勺子

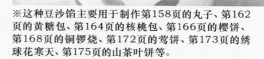

※这种豆沙馅主要用于制作第158页的丸子、第162页的黄糖包、第164页的核桃包、第166页的樱饼、第168页的铜锣烧、第172页的莺饼、第173页的绣球花寒天、第175页的山茶叶饼等。

1 将红小豆用水煮一下

将红小豆放在笊篱上，置于清水下冲洗，清洗干净后倒入锅里，加入适量清水，用中火加热。加热至水沸腾后，用笊篱将红小豆捞出，置于流水下清洗（去除豆子的涩味）。

2 将红小豆煮透 (20~40 分钟)

将红小豆放回锅里，加入3杯清水，用中火加热，待水沸腾后，将火调小，保持红小豆能够微微振动的火候大小即可，煮20~40分钟。煮制过程中，红小豆从水中露出、水分不足时，可添2~3次水（每次⅓杯左右），直至将红小豆煮软。

3 撇去沫子

煮至水表面浮有一层沫子时，用工具撇干净。锅中水分不够时，查看煮制状态，添加适量清水，继续加热。

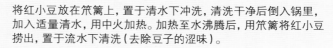

4 将砂糖分2次加入

煮至用手指轻轻戳动红小豆，外皮能够破开时，加入一半砂糖。将火调大，搅拌红小豆，使锅中的水分尽快蒸发，加入剩余砂糖。用木铲不断搅拌红豆，直至锅中没有水分，加入适量食盐调味。

5 将煮好的红小豆移到方平底盘里

用木铲一点点将红小豆铲起，移到方平底盘里进行冷却。

※冷却后的豆馅，直接存放会变干，因此可以将其放入塑料袋里保存。不需要马上使用时，要彻底将空气排尽，折叠成2层进行冷冻保存。

尽情体味黄糖的浓郁和香味

黄糖包

食材（10个份）

低筋面粉	80g	酱油	½小匙
黄糖	30g	⌈ 小苏打	2/3小匙
砂糖	30g	⌊ 水	½小匙
热水	2大匙	豆沙馅	200g（参照第161页）
水饴	5g	低筋面粉（干粉）	适量

使用的工具

耐热容器（钢盆）
茶漏
面粉筛
橡胶铲
毛刷
烘焙纸
喷雾器
蛋糕网（或者冷却架）
蒸锅
砧板
刮板

|准备工作| ·低筋面粉过筛备用
·将黄糖用刀子切碎
·将豆沙馅10等分后团成
　圆形

1 将黄糖、砂糖用
热水溶开，过滤

将弄碎的黄糖、砂糖和热水放入
耐热容器里，搅拌，将糖化开，
裹上保鲜膜，将容器放入微波炉
中加热20~30秒后，充分搅拌，
用茶漏过滤一下。

2 加入水饴、酱油、
小苏打

向容器里加入水饴、酱油后，
搅拌均匀，加入用水溶开的小
苏打。

3 加入面粉，醒发面团

向容器里加入筛好的低筋面粉，
搅拌至看不到干面粉后，将面团
整理成一团，盖上保鲜膜，置于
冰箱冷藏室低温醒发20分钟。

冷藏　20分钟

通过醒发，能够很
好地控制面团的黏
性，使之后的操作
更容易。

3

4 将面团整理好，
10等分

将③放到撒了干面粉的砧板上，
手上粘适量干面粉，将面团整理
成耳垂的柔软度。形状整理成
棒状，用刮板10等分。

5 将面团擀开

将面团擀成直径10cm左右、中
间稍厚、边缘稍薄的圆饼状，用
毛刷刷掉多余干面粉。

6 包住夹馅

将擀好的面团放到手掌上，中间
放上豆馅，轻轻按压中间部位，
将边缘包起来。将面团捏住的收
口向下，用手掌转动面团，整理
形状，用毛刷刷掉多余面粉。

7 用蒸锅蒸

将润湿的白布、烘焙纸按顺序铺
在蒸锅里，留出一定间隔摆上包
好、整理好形状的黄糖包，喷上
适量水雾。盖上锅盖，锅盖边缘
包上抹布，用大火蒸10~12分
钟。蒸好后，将黄糖包从锅中取
出，置于蛋糕网上冷却。

 10~12
分钟

※由于这种黄糖包里不含油分，凉
透之后，要迅速用保鲜膜包裹起来，
防止变干。

核桃仁的香味与烘烤面皮的风味交相辉映

核桃包

食材 (10个份)

A
┌ 全蛋液 …………… 30g
│ 砂糖 ……………… 50g
│ 蜂蜜 ………………1小匙
└ 溶化的黄油 ……… 10g

┌ 小苏打 ………… ½小匙
└ 水 …………… ½小匙

┌ 低筋面粉 ……… 100g
└ 泡打粉 ………… ⅓小匙

豆沙馅 200g (参照第161页)

B
┌ 蛋黄 …………… ½个份
└ 米酒 ………… ½小匙
核桃 ……………… 10个
低筋面粉 (干粉) …… 适量
色拉油 (上色用) …… 少许

使用的工具

钢盆
橡胶铲
面粉筛
烘焙纸
毛刷
茶漏
蛋糕网 (或者冷却架)
砧板
刮板

准备工作

· 将低筋面粉与泡打粉混合过筛
· 将豆沙馅分成10等分,团成圆形
· 将烤箱预热至180℃

1

将面团所需的
各种食材混合

将A中全部食材倒入钢盆里,搅拌均匀,加入用水溶开的小苏打。加入筛好的面粉类,用橡胶铲搅拌至没有干面粉。

2

对面团进行醒发,
分成10等分

将面团整理成型,盖上保鲜膜,放入冰箱冷藏室醒发20分钟。在砧板上撒适量干面粉,将面团整理成棒状后,用刮板分成10等分。

冷藏 20分钟

3

在擀开的面团里
放上豆沙馅

将面团擀成直径10cm左右、中间厚、边缘稍薄的圆形,用毛刷刷掉多余干面粉后,置于手掌上,面团中间放上豆沙馅。

4

将豆沙馅包起来

手掌合拢,轻轻按压夹馅,将面团边缘包裹起来。

5

成型,摆放于烤盘上

将包起来的面团放在手上慢慢转动,整理好形状,轻轻压一下,用毛刷刷掉多余干面粉,将其摆放在铺有烘焙纸的烤盘上。

6

涂抹蛋黄,
放上核桃仁

将B中的蛋黄用茶漏过滤之后,与米酒混合到,用毛刷刷到面团上,刷两遍之后,轻轻将核桃仁按压到面团上,要尽量压结实,防止核桃仁掉下来。

7

放入烤箱里
烘烤

将烤盘置于烤箱里,用180℃烤15分钟左右。烤好后,将核桃包取出,置于蛋糕网上冷却,最后,在甜点表面用毛刷刷上薄薄一层色拉油,使其富有光泽。

烤箱 180℃ 15分钟

用面皮烤制、带有独特风味的

樱饼

食材（10个份）

糯米粉	30g	⌈红色食用色素	少许
水	150ml	⌊水	少许
⌈低筋面粉	70g	豆沙馅200g（参照第161页）	
⌊砂糖	40g	盐渍樱花叶	10片
		色拉油	少许

使用的工具

钢盆	竹签
打蛋器	方平底盘
平底锅（或者烤盘）	烘焙纸
万能过滤器	面粉筛

⌈准备工作⌉ ·将樱花叶置于清水中浸泡，适当去除咸味，用纸巾擦干
　　　　　水分备用 ⓐ

·将豆沙馅分成10等分，团成圆形

·将低筋面粉与砂糖过筛备用

1 将糯米粉用水和开

将糯米粉倒入钢盆，一点点加水，用指尖捏动面粉，将其与水混合。

2 加入低筋面粉、砂糖后，对食材进行过滤

将筛好的低筋面粉和砂糖一点点加到❶中容器里，用打蛋器搅拌均匀后，过滤一下。

3 用红色食用色素上色

一点点加入用水化开的红色食用色素后，搅拌均匀。

※红色食用色素的水溶液要做得稠一些，一点点加入，搅拌均匀后，再加入搅拌。如果溶解的水量过大，面皮里水分变多，搅拌出的面糊也较为稀薄。

只需加入一点点红色食用色素，就能够为食材上色，因此您可以根据具体情况调整用量。

4 用平底锅烘烤

在平底锅内抹上薄薄一层色拉油，倒入1大匙❸中搅拌好的面糊。迅速用汤匙画圆，将面糊摊成7×12cm的椭圆形。

5 把烤好的面皮冷却

待面糊表面变干之后，用竹签子挑起一头将其翻过来，将另一面也烤一下，将烤好的面皮移到铺有烘焙纸的方平底盘里。大约烤制10片，稍微冷却之后，用保鲜膜包裹起来。

如果趁热将面皮包裹的话，保鲜膜里的蒸汽会形成水滴，滴到面皮上，因此要将其稍微冷却之后，再裹起来。

6 用面皮和樱花叶将豆馅包起来

把豆馅放在烤面皮上，用面皮将其包裹起来。樱花叶叶脉向外继续包裹一层。

加入蜂蜜和米酒烤出漂亮色泽的

铜锣烧

食材（10个份）

低筋面粉 ·············· 150g
全蛋液 ················ 150g
砂糖 ·················· 120g
蜂蜜················· 15g
米酒················· 15g
┌ 小苏打 ·············· 2/3小匙
└ 水 ·················· 50ml
豆沙馅 200g（参照第161页）
沙拉油····················· 少许

使用的工具

钢盆	锅铲
打蛋器	圆勺
面粉筛	蛋糕网（或者冷却架）
橡胶铲	方平底盘
平底锅（或者烤盘）	黄油刀

┌ 准备工作 ┐

· 低筋面粉过筛备用
· 将鸡蛋恢复到室温
· 将豆沙馅10等分

1 将制作面团所需食材混合到一起

将鸡蛋打到钢盆里，用打蛋器搅开。加入砂糖、蜂蜜、米酒后，搅拌至蛋液发白。加入用水溶开的小苏打。

如果室内温度过高，要将面团放入冰箱冷藏室进行醒发。

2 加入面粉，对食材进行醒发

向钢盆里加入筛好的低筋面粉，用橡胶铲从底部抄起进行切割式搅拌，将各种食材充分搅拌均匀。将面团裹上保鲜膜，醒发30分钟。

30分钟

3 用平底锅
烤制20张面皮

待平底锅热后，抹上薄薄一层色拉油，用圆勺子舀半勺面团，倒入平底锅中央，整理成圆形。用中火~文火烘烤，面团表面出现小孔，四周开始变干时，将面皮翻转过来，将另一面也烤透。

4 将面皮彻底冷却

将最开始烤制的一面向上，摆放于蛋糕网上进行冷却。大体冷却之后，将其移到方平盘里，盖上保鲜膜，放至完全凉透。

在面团彻底冷却过程中，为防止面团表面变干，一定要裹上保鲜膜。

5 夹上豆沙馅

取一个面皮，放上豆沙馅，用黄油刀抹平后，盖上另一片面皮，轻轻按压，使豆沙馅粘到面皮上。

铜锣烧的 2 种变化花样

迷你奶油铜锣烧

食材（15~17个份）
第168页铜锣烧食材½的量
鲜奶油 ……………50ml
砂糖 ……………… 2小匙
·使用的工具和准备工作与铜锣烧一样

烤制30片约为铜锣烧直径一半的面皮，夹上加入砂糖后充分打发的鲜奶油和豆沙馅。

铜锣卷

食材（15~17个份）
第168页铜锣烧食材½的量
·使用的工具和准备工作与铜锣烧一样

将面糊倒成宽6~7cm×长12cm的椭圆形，面糊最后的部分要用汤匙多次划制S字，使其呈现一定的空隙。按照第168页铜锣烧的冷却方法对烤好的面皮进行冷却。包豆沙馅的时候，将豆沙馅放于没有空隙的一端，将有空隙的一侧向上卷起。

松饼源自16世纪时的西式果子

荞麦松饼

食材（直径4cm的花瓣形压制模具30~35片份）

┌ 荞麦面 ················ 70g
│ 低筋面粉 ··········· 50g
└ 泡打粉 ··············· ⅓小匙
无盐黄油 ············· 40g
三温糖 ················· 70g

食盐 ···················· 少许
全蛋液 ··············· 30g
┌ 小苏打 ··············· ⅓小匙
└ 水 ···················· ½小匙
高筋面粉（干粉） ··· 适量

使用的工具

钢盆
打蛋器
面粉筛
橡胶铲
花瓣形压制模具

烘焙纸
蛋糕网（或者冷却架）
擀面杖
砧板

准备工作
· 将A中食材混合过筛备用
· 将黄油恢复到室温
· 将烤箱预热到180℃

1 将黄油搅拌成奶油状

将黄油放入钢盆里，用橡胶铲轻轻搅拌开后，用打蛋器打成奶油状。

2 按顺序加入面粉以外的其他食材

将三温糖分2~3次加入，加入食盐后，搅拌均匀，将全蛋液分2次加入后，将各种食材充分搅拌开。再加入用水溶开的小苏打。

 ③ 加入面粉类，对面团进行适当醒发

冷藏 30分钟

将A中食材过筛后，加到容器里，用橡胶铲进行切割式搅拌，搅拌至看不到干面粉后，用手将面团整理到一起，用保鲜膜包裹起来置于冰箱冷藏室醒发30分钟。

面团直接置于空气中容易变干，所以要用保鲜膜包起来，放入冰箱冷藏室里。

④ 将面团擀开，用模具进行压制

用撒上干面粉的砧板和擀面杖将③中面团擀成5mm厚，用模具进行压制。面团中间部位用长筷子戳出小洞。

⑤ 用烤箱烘烤

烤箱 180℃ 12~15 分钟

将④中压制好的面团摆放在铺有烘焙纸的烤盘上，摆放的时候要留出一定的空隙。将烤盘置于180℃的烤箱里烤12~15分钟，烤好后，将松饼置于蛋糕网上冷却。

将荞麦面换成黄豆粉

黄豆粉松饼

食材（约80个份）

A	黄豆粉 ……………	60g
	低筋面粉 …………	60g
	泡打粉 ……………	⅓小匙
无盐黄油……………		40g
三温糖………………		70g
食盐…………………		适量
全蛋液 ……………		30g
小苏打 ……………		⅓小匙
水 …………………		½小匙
高筋面粉（干粉） ……		适量

·使用的工具和准备工作与第170页的荞麦松饼一样（不需要擀面杖）

参照第170页的荞麦松饼的制作步骤❶~❸进行制作。在砧板上撒适量干面粉后，将面团整理成棒状，从一端开始切成一段一段，用手将其搓圆。将整理好的松饼摆放在铺有烘焙纸的烤盘上，摆放的时候要留出一定的空隙，将烤盘置于180℃的烤箱里烤12~15分钟。

莺饼

食材（10个份）

牛皮糖

糯米粉	60g
砂糖	60g
水	110ml
水饴	10g

黄豆粉 …………… 适量
豆沙馅 …………… 200g
（参照P161）

使用的工具

钢盆
过滤器
锅
橡胶铲
方平底盘
毛刷
茶漏

准备工作

· 将豆沙馅分成10等分，团成圆形

红白牛皮糖（图中左上角）

食材（10个份）

上面牛皮糖里的水量换成100ml。使用的工具与莺饼一样。

制作牛皮糖，其中一半加入用水溶开的红色食用色素，充分搅拌均匀，进行上色。

做好后，将其盛于铺有土豆淀粉的方平底盘里，稍微冷却，上面也撒上淀粉，用手慢慢抹匀（也可以用擀面杖擀匀）。将做好的牛皮糖切成适当大小，用毛刷刷掉多余淀粉即可。

---

1 将糯米粉和砂糖加到钢盆里，用手指揉动糯米粉，慢慢加水，将其搅拌均匀。

2 将搅拌好的糯米面糊过滤后加到锅里，用中火加热。加热过程中，不断用橡胶铲搅拌锅底和锅边，直至将面糊加热成白色通透面团，继续加热一会儿，直至面糊开始出现光泽，呈年糕状。

3 加入水饴，继续搅拌食材。这样，就将糯米粉做成牛皮糖了。

4 将牛皮糖移到装有黄豆粉的方平底盘里，稍微冷却之后，撒上黄豆粉，将其分成10等分。

5 将等分后的面团用手团成圆形，用毛刷刷掉多余黄豆粉，放上豆沙馅后包起来。将两头捏在一起，整理成黄莺的形状，从上面用茶漏撒上黄豆粉即可。

绣球花寒天

食材（12个份）

A
- 寒天粉 …………… 1g
- 水 ………… 100ml
- 炼乳 …………2大匙

B
- 寒天粉 …………… 1g
- 水 ………… 100ml
- 蓝库拉索酒 1~2小匙
- 砂糖 ………… 15g

豆沙馅…………… 180g
（参照第161页）

准备工作
· 将豆沙馅分成12等分，团成圆形

使用的工具

锅
橡胶铲
方平底盘
（15×10cm）

① 用A中食材制作寒天溶液。锅中倒入清水，慢慢加入寒天粉，一边用橡胶铲搅拌，一边用中火加热。待锅中食材沸腾后，继续煮1~2分钟，将寒天煮化，加入炼乳。

② 将①中煮好的寒天溶液倒入用水浸湿的方平底盘里，放入冰箱里冷却、凝固。

③ 用B中食材制作寒天溶液。按照①中的方法将寒天煮化之后，加入蓝库拉索酒，加入砂糖，继续②的操作步骤。

④ 将①和③从方平底盘里取出，切成1cm小块。

⑤ 将④中切好的寒天小块按颜色组合好，取1大匙置于保鲜膜中间，上面放上豆沙馅，团成球型即可。

板栗茶巾绞

食材（10个份）

煮过的板栗 ········ 200g
砂糖 ··············· 50g
食盐················ 少许
A ⎡ 水饴 ··········· 1大匙
  ⎣ 米酒 ··········· 1大匙

使用的工具

锅
过滤器
钢盆
木铲
耐热容器
漂白布

[准备工作]

· 将生板栗放入水中浸泡半天至一晚上，去除
板栗中的涩味，用水煮软之后，冷却。将板
栗从中间切开，用汤匙取出板栗肉，大约准
备200g即可（约10~20粒生板栗）

① 将煮好的板栗肉弄碎。

② 将A中食材加到耐热容器里，放入微
波炉加热20秒左右。

③ 向①中的板栗肉里加入砂糖和食盐，
搅拌均匀，继续一点点加入②中热好
的食材，调整食材的软硬度，将搅拌
好的食材分成10等分，整理成圆形。

④ 将③中分好的食材放入用水浸湿、拧
干的漂白布中间，将漂白布拧起来，
制作成茶巾绞。

山茶叶饼

食材（10个份）

道明寺粉 ………… 100g
水 ……………… 200ml
砂糖 ……………… 15g
食盐 ……………… 少许
A ┌ 砂糖 …………… 1大匙
　 └ 热水 …………… 1大匙
豆沙馅 150g（参照P161）
山茶叶 …………… 20片

使用的工具

锅
锅盖
橡胶铲

准备工作

· 将道明寺粉和水加到锅里，放置20分钟
· 将山茶叶清洗干净，用纸巾擦干水分
· 将豆沙馅分成10等分后，团成圆形

山茶叶饼曾出现在紫式部的《源氏物语》中，是一种具有悠久历史的甜点。在京都，山茶叶饼是一种预告2月份到来的甜点。山茶叶只是用于装饰，食用的时候只吃饼的部分。

1 将道明寺粉与水加到锅里，用中火加热，煮至沸腾后，将火调小，加盖煮制。煮至道明寺粉变软之后，关火，加盖蒸10分钟左右。

2 蒸至道明寺粉膨胀后，加入砂糖、食盐，用橡胶铲搅拌均匀。

3 手上蘸A中食材的混合溶液，将**2**中食材10等分。

4 接着蘸糖水，将分好的面团整理成圆形，将面团拍平后，在中间位置放上豆沙馅，将面团包成圆形。将面团在手掌里揉圆，整理成略扁平型。

5 将**4**中食材夹在2片山茶叶中间，每2片一组。